博士林业文库

基于居民支付意愿的城市森林生态服务非政府供给方式研究

李 英 著

中国林業出版社

图书在版编目（CIP）数据

基于居民支付意愿的城市森林生态服务非政府供给方式研究/李英著. -北京：中国林业出版社，2008.5
（博士林业文库）
ISBN 978-7-5038-5250-3

Ⅰ.基… Ⅱ.李… Ⅲ.城市环境：生态环境-城市建设-研究-中国 Ⅳ.X321.2

中国版本图书馆 CIP 数据核字（2008）第086102号

出版 中国林业出版社（100009 北京西城区刘海胡同7号）
网址 www.cfph.com.cn
E-mail forestbook@163.com 电话 010-66162880
发行 中国林业出版社
印刷 北京林业大学印刷厂
版次 2008年5月第1版
印次 2008年5月第1次
开本 880mm×1230mm 1/32
印张 5.75
字数 185千字
印数 1~1000册
定价 28.00元

序

随着我国工业化、城市化进程步伐的不断加快，城市生态环境的恶化程度也日益明显，而伴着经济发展和城市居民生活水平的不断提高，居民对城市生态环境的改善愿望也日益强烈，生态需求已成为居民对环境建设的主要需求。虽然城市森林建设是改善城市空气质量和加强城市绿化的有效途径，但是在政府财力有限、城市绿化面积紧张的情况下，亟需探索城市森林生态服务的多主体供给方式。因此，本书作者以城市生态服务多主体供给方式为出发点，以大量实证调查数据为基础，运用定量分析方法，提出了森林生态服务非政府的供给方式与政策建议。

作者与众不同的研究视角在于，提出了通过政府在城市森林生态服务多主体供给方面的制度安排，以居民支付意愿为前提，发挥市场化供给机制和自愿供给机制的协同作用，从而快速推动城市生态环境质量的改善。虽然目前城市森林生态服务的供给主体是政府，但是随着城市经济的发展和居民环保意识的提高，居民对城市森林生态服务的支付意愿也随之增强；我国大中城市的生态环境污染较重，而城市居民又具有较高的物质生活水平和较高的环保意识，为居民参与城市森林生态服务的供给奠定了基础。在政府供给固定的情况下，居民的积极参与将极大地改善城市生态环境。非政府供给包括市场化供给和自愿供给等两种供给方式。市场化供给方式是指营利组织根据居民对城市森林生态服务市场的需求、以营利为目的、并以收费方式补偿其支出来提供生态服务的一种方式。自愿供给是指公民个人、单位以捐赠或公益彩票等形式无偿和部分无偿地筹集资金，直接或间接地用于城市森林生态服务供给的一种方式。这两种方式得以成功开展的前提是必须符合居民的支付意愿。

作者首次应用条件价值评估法（The contingent valuation method，简称 CVM）在哈尔滨市开展城市森林周边地区居民对城市森林生态效益经济补偿的支付意愿（Willingness to pay，简称 WTP）的调查分析。并以此为例进行市场供给和自愿供给的关联性分析、Logistic 回归分析、聚类分析。结果表明：文化程度越高的居民，收入越高，越倾向于选择出资支付形式和较多的支付额；人均收入越高，越倾向于建屋顶花园，同时向对小区绿化和冠名大额出资；户外锻炼时间越长，越倾向于对小区绿化的大额出资；对小区空气越不满意，越倾向于建屋顶花园；年龄越大，越倾向于选择出力和拒绝支付，而且倾向于少出力；对小区空气越不满意，越倾向于在冠名方面多出资。上述调查分析结论表明：城市森林周边地区居民认为自己获得了更多更好的生态服务，就有较强的支付意愿，因此，只要提供相应的制度安排和社区有效组织，完全可以实现市场化供给机制和自愿供给机制的协同作用。

作者在分析公众参与的影响因素和系统认识“经济人”及人类经济行为的基础上，对在哈尔滨市进行的两次抽样调查结果进行对比分析，根据参与的 Logistic 回归模型计算出居民参与供给行为的选择概率，并分析居民拒绝参与的主要影响因素。最后，根据居民参与城市森林生态服务供给的行为模式研究结果，提出了城市森林生态服务非政府供给的保障机制，包括有关企事业单位绿化政策、市场化补偿政策、产权制度安排、居民自愿供给政策等方面的政策保障体系和城市森林监管信息系统开发的可行性分析、需求分析、系统设计等内容的技术保障体系，以此来保障城市森林生态服务的非政府供给。

总之，本书在分析借鉴国内外相关研究成果的基础上，通过对城市森林周边地区居民的入户调查、问卷调查，以森林生态服务、公共服务市场化、行为经济学等理论为支撑，运用理论分析、定量模型分析等手段，提出了基于居民支付意愿的森林生态服务非政府的供给方式与具体政策建议。以期这些实际调查数据和研究结果，为探索我国城市森林多主体供给方式提供了理论依据和决策参考。

2008 年 4 月

目　录

序 …………………………………………………………………… 曹玉昆
1　绪　论 ………………………………………………………………（1）
　1.1　研究背景、目的和意义 …………………………………………（1）
　1.2　国内研究现状及评述 ……………………………………………（4）
　1.3　国外研究现状及评述 ……………………………………………（11）
　1.4　研究视角 …………………………………………………………（25）
　1.5　研究方法和技术路线 ……………………………………………（26）
　1.6　研究主要内容及创新之处 ………………………………………（28）
2　相关理论基础 ………………………………………………………（30）
　2.1　森林生态服务理论 ………………………………………………（30）
　2.2　公共服务市场化理论 ……………………………………………（35）
　2.3　经济社会学理论基础 ……………………………………………（40）
　2.4　新制度经济学 ……………………………………………………（43）
　2.5　行为经济学 ………………………………………………………（46）
　2.6　本章小结 …………………………………………………………（51）
3　城市森林生态服务供给的现状及环境分析 …………………………（52）
　3.1　我国城市森林生态服务的总体供给现状及问题分析 ……（52）
　3.2　黑龙江省城市森林生态服务的需求环境和供给基础分析 …………………………………………………………………………（59）
　3.3　城市森林生态服务的地方供给现状分析——以哈尔滨市为例 ……………………………………………………………………（62）
　3.4　影响我国城市森林生态服务供给的环境因素分析 ………（67）
　3.5　本章小结 …………………………………………………………（72）

4 基于居民支付意愿的城市森林生态服务供给方式的理论分析 …………………………………… (74)
4.1 居民支付意愿测量方法 …………………………………… (74)
4.2 居民产生城市森林生态服务需求的环境分析 ……………… (77)
4.3 城市森林生态服务供给方式的理论分析 ………………… (80)
4.4 本章小结 …………………………………………………… (84)
5 城市森林生态服务的市场化供给方式研究 ………………… (85)
5.1 城市森林生态服务市场化供给方式的构成 ……………… (86)
5.2 城市森林生态服务市场化供给的形成条件 ……………… (87)
5.3 基于居民支付意愿的城市森林经济补偿实证研究 ……… (89)
5.4 小区绿化市场化供给方式的实证研究 …………………… (96)
5.5 城市森林生态服务的市场化供给方式的运行机理 ……… (99)
5.6 本章小结 …………………………………………………… (100)
6 城市森林生态服务的自愿供给方式研究 …………………… (101)
6.1 基于关联分析的城市森林生态服务的自愿供给方式研究 …………………………………………………… (101)
6.2 基于聚类分析的城市森林生态服务的自愿供给方式研究 …………………………………………………… (108)
6.3 城市森林生态服务自愿供给方式的运行机理 …………… (117)
6.4 本章小结 …………………………………………………… (118)
7 城市森林生态服务非政府供给的居民参与行为模式分析 …… (120)
7.1 关于“经济人”及人类经济行为的认识 ………………… (120)
7.2 公众参与形式及公众认知对参与的影响 ………………… (123)
7.3 居民参与城市森林生态服务供给行为的调查比较分析 …………………………………………………… (124)
7.4 居民参与城市森林生态服务供给的行为动因分析 ……… (126)
7.5 居民参与城市森林生态服务供给行为的概率分析 ……… (128)
7.6 居民参与城市森林生态服务供给的行为类型及影响因素分析 ………………………………………………… (131)
7.7 居民参与城市森林生态服务供给的行为规律 …………… (134)
7.8 本章小结 …………………………………………………… (135)

8　城市森林生态服务多元化供给的保障体系构建 ……………………（136）
8.1　政策保障体系的构建框架 ……………………………………（136）
8.2　城市森林生态服务多元化供给的保障政策 ……………（138）
8.3　技术保障体系的构建 ……………………………………………（145）
8.4　本章小结 ……………………………………………………………（152）
结　论 ……………………………………………………………………（153）
ABSTRACT ……………………………………………………………（155）
附录1　2005年省会城市和计划单列市主要指标 ……………（158）
附录2　城市森林经济补偿政策居民支付意愿问卷调查表 ………（160）
附录3　居民参与城市绿化建设的调查表 …………………………（162）

参考文献 …………………………………………………………………（166）
后　记 ……………………………………………………………………（175）

1 绪　论

1.1　研究背景、目的和意义

1.1.1　研究背景

20 世纪末期，世界城市化平均水平为 47%，发达国家的城市化平均水平为 75%，到 2006 年全世界有一半人口（约 32 亿）居住在城市。随着全球气候变暖，更多的人认识到生态价值的存在是人类生存和发展的基础。城市面临的环境问题主要包括城市空气污染、水污染、土地污染、噪音污染，这些污染是由人类活动造成的，反过来又对人类的生存发展造成了严重影响。研究表明，环境因素是导致人类生病和死亡的主要原因，近 20 年来，全世界哮喘病的发病率上升了 50%，工业化越发达的地区，哮喘病的发病率也越高，空气污染是主要原因，可以说，人类的健康正面临着空气污染的威胁。身体的健康离不开户外活动，但是公共绿地的减少和较远的距离限制了人们的户外活动，亟需在住所周围增加公共绿地。公共绿地的绿化程度和利用率愈高，不仅户外空气清新，同时也能提高室内的空气质量。伴随着城市化进程的加快，城市绿化用地在减少，因此需要通过屋顶绿化来提升城市绿化空间利用率。城市屋顶绿化在保护城市环境中的作用是不可忽视的。

目前，中国正处于工业化进程加快时期，随着经济发展水平的提高，城市化的速度也随之加快。中国 2000 年按照人口计算的城市化率是 36.09%，2004 年城市化率已达到 40.5%，预计 2020 年人均 GDP 达到 4 000 美元时，将有 55% 的人生活在城市中，这意味着将有 8 亿人生活在城市（卢卫，2005）。城市化进程的加快虽然让更多人的生活质量得到提高，但是也产生了一系列城市生态环境问题，从而制约城市经济的进一步增长和可持续发展。

近几年，中国主要大城市机动车数量大幅度增加，机动车尾气已成为城市大气污染的重要污染物，使大气中的 NO_x 严重超标，排放的 Pb 也是城市大气中的重要污染物。自 20 世纪 80 年代以来，汽油消费量年均增长率达 70% 以上，仅 1986 ~ 1995 年，中国累计约1 500tPb排放到大气、水体等自然环境中，并且主要集中在大城市，对居民的身体健康造成不良影响（彭镇华，2003）。中国科学院关于我国环境与健康的研究报告显示，在癌症、心脑血管疾病、糖尿病等高危病种的发病因素中，因环境污染而患病的占 75%；预计到 2010 年，我国每年因环境污染而患癌症并死亡的人数可增加到 200 万左右。

由于恶化的城市生态与城市经济实现可持续发展之间的矛盾以及市民日益增长的生态需求与城市绿色自然空间减少之间的矛盾依然突出，所以具有改善城市生态环境作用的城市森林受到越来越多的重视。城市森林生态服务属于公共服务范畴，由于政府财政资金有限，因而普遍存在投入不足的现象。但是随着城市居民生活水平的提高和居民环保意识的增强，将会有更多的居民愿意参与城市森林生态服务的供给。本文以居民支付意愿调查为基础，创新地提出城市森林生态服务市场化供给方式和自愿供给方式，并构建相应的保障体系，从而有利于开创城市森林生态服务多元化供给的局面。

1.1.2　研究目的

随着经济的发展，中国城市化进程加快，城市人口数量剧增，依靠过去传统的城市绿化措施已经不能在空间和效能上满足城市居民多功能生态消费的需要，只有通过营造城市森林，才能改善城市生态环境。本文的具体研究目的包括：

（1）探索城市森林生态服务多元化供给途径。本文通过对城市森林周边地区居民对城市森林生态效益进行经济补偿的支付意愿和远离城市森林的居民为获取良好居住环境的支付意愿的调查分析，获得不同收入阶层居民的支付意愿信息和影响因素。

（2）建立城市森林生态服务市场化供给的运行机制和激励机制。首先要对城市中的成片森林的最大生态受益者即城市森林周边居民的支付意愿进行调查分析，确定城市中的成片森林生态效益的补偿方式和方法，拓宽城市森林建设资金的筹措渠道。然后在对居民对小区绿化和屋顶花园的支付意愿进行调查分析的基础上，通过相应的制度安排来明确市场主体、明晰产权、划分清楚利益主体的利益边界，从而保障城市森林生态服务市场化供给的有效运行。

（3）揭示居民自愿供给城市森林生态服务的运行机理，探究居民自愿供给行为的影响因素和偏好。城市森林作为生态公益林，是城市生态系统的重要组成部分。发展城市森林是一项服务社会、受益市民的公益事业，但是，我国属于发展中国家，财力有限，对公益事业资金投入不足，迫切需要广大市民积极参与城市生态环境建设。在实证调查分析的基础上进行居民自愿供给城市森林生态服务的影响因素分析，建立居民自愿供给的选择性模型，通过该模型预测不同收入的居民参与自愿供给的情况。

（4）探讨城市森林生态服务供给的保障机制，为实行城市森林市场化供给和自愿供给机制提供技术支持和制度保障。通过分析城市居民的教育程度与可支配收入对供给的影响，利用行为经济学理论阐释居民的行为选择以及动因，为制定合理的全民参与绿化政策提供实证依据。

1.1.3 研究意义

城市森林生态服务作为一种公共产品，亟需通过建立合理的、稳定的多元化供给机制，来确保城市森林建设得到合理投入，从而加快城市生态环境建设的进程。本文的研究意义主要包括以下 4 个方面：

（1）有助于制定全民参与城市绿化建设的政策。目前，生态需求已成为居民对城市林业的第一需求。在政府供给无法满足居民的生态需求的情况下，只有根据居民的支付意愿制定得到广泛支持的全民参与城市森林建设的政策，才能调动居民参与的积极性，从而在公共财政投入不足的情况下尽快改善城市生态环境。

（2）有助于探索改善城市生态环境的市场化运作新途径，从而缓解城市生态建设资金短缺状况。在我国，森林生态效益市场化补偿在实践中还不完善，更缺乏在城市中开展相关研究活动的经验，本文通过抽样调查进行实证分析来获得居民的参与意愿信息，在此基础上构建的城市森林生态服务市场体系，就能将较大份额的生态服务供给成本转移给非政府部门，减缓国家财政压力。

（3）有助于促进生态资产在市场机制下实现可持续发展，从而改善城市生态环境。我国城市森林建设目前在整体发展上还滞后于城市经济发展，亟需加强城市森林生态服务供给机制的研究和实践。本文将在实际调查的基础上，基于居民的支付意愿开展多方面定量分析，通过发挥多供给主体的协同作用来有效提高城市森林的供给水平。

（4）有助于建立城市森林生态服务多元化供给的保障机制。我国森林法虽然规定人人有植树的义务，但是由于缺乏宣传和有效的组织，参加义务植树劳动的人并不多。城市森林生态服务市场化供给和自愿供给保障机制的研究，将为实现城市森林生态服务的市场化供给和自愿供给提供支持和制度保障。

1.2　国内研究现状及评述

1.2.1　森林生态效益补偿及生态服务方面的研究评述

有关森林生态服务供给方面的早期研究是森林生态效益经济补偿问题研究，因为森林生态效益的价值体现在市场上便属于森林为人类提供有关环境服务方面的产品。为此，需要了解森林生态效益补偿方面的研究进展状况，在此基础上进一步探索森林生态服务供给方面的途径。

1.2.1.1　森林生态效益补偿理论、实践与政策研究评述

在我国，森林生态效益补偿政策与理论研究始于20世纪80年代中后期，到90年代出现高峰，21世纪初仍然是人们研究的热点。现有绝大多数相关文献都集中在效益补偿的依据、补偿的标准、补偿的范围、计量和评价、补偿的办法以及补偿基金的管理和使用等方面进行研究，如公益林生态效益价值计量模型（郎奎建等，2000；万志芳等，2001）和森林生态效益补偿问题（刘际建等，2002；刘璨，2003；费世民等，2004）方面都有较多的研究。国内的研究主要把补偿标准与森林生态效益的价值核算问题紧密联系在一起，它为进一步开展森林生态效益补偿的研究奠定了基础。随着对森林生态效益补偿制度需求的增加，以森林生态效益补偿为题的综合论述与专题研究开始大量出现：2002年，中国环境与发展国际合作委员会林草问题课题组在北京召开“生态环

境效益补偿政策与国际经验研讨会”；2002 年，由森林趋势组织（Forest-trends）资助，在北京召开“森林生态服务补偿机制研讨会”；2005 年 5 月由世界自然基金会（WWF）和国际环境与发展联合所（IIED）支持、中国农业大学主办的关于“生态环境补偿圆桌会议”；2005 年中国环境规划院主办“生态补偿机制与政策设计国际研讨会”，这些综合论述与研讨会反映了国家日益重视森林生态效益补偿的研究趋势。但是从总的方面来看，我国的森林生态效益价值评估理论与方法尚处于探索阶段，还没有建立一个公认的、完善的核算方法体系，缺乏标准化，无法进行对比；另一方面，目前多直接利用国外的定价或方法，与我国社会经济现状脱节。这使得评价结果存在可信度低与可操作性差的缺陷，难以取得学术界、管理决策部门和公众的认同，因而也很难为管理与决策部门所应用（李文华等，2006）。

近年来，我国日益重视森林生态效益补偿机制问题的研究，明确提出要建立森林生态效益补偿制度，把生态效益补偿机制研究列入科技项目，组织相关专家对这个问题进行深入探讨，从实际出发，制定切实可行的生态效益补偿机制。明确认定森林生态效益补偿资金的来源，是森林生态效益补偿制度得以实行的根本保障。其主要任务，一是确定谁来补，二是怎么补的问题。依照“谁受益、谁补偿”的基本原则，关键是要确定不同森林生态环境服务功能的直接受益主体和间接受益主体。由于森林生态环境服务功能种类多样，其影响范围和形式不同，因此，在实践中需要对具体的环境服务功能区别类型，分别对待（黄选瑞等，2002）。

2001 年，国家在全国 11 个省进行森林生态效益补偿基金试点。广东、福建、浙江等地方财政也拿出了一定的配套资金，进行地方公益林补助试点。2004 年 10 月 21 日，财政部、国家林业局正式出台了《中央森林生态效益补偿基金管理办法》（财农［2004］169 号）并在全国范围内开始实施。补偿对象是重点公益林（重点防护林和特种用途林），每公顷 75 元/年，补偿的面积 0.27 亿 hm^2（4 亿亩）仅是划为重点公益林面积的 1/4，中央财政每年投资 20 亿元。其实质是由政府确定生态服务的市场价格（补偿标准）和市场范围（补偿范围）。由于资金筹措渠道单一及区域环境差异性大的原因，这种补偿方式存在补偿依据单一、补偿对象范围狭小、补偿标准过低的问题。可以说，在我国，虽然理论上森林生态效益在一定程度上得到社会的认可，但在实践上，还没有形成一套令各方信服的行之有效的补偿方法。

1.2.1.2 森林生态服务方面研究进展评述

从国内研究现状来看，有关森林生态服务相关的研究主要集中于生态系统服务功能内涵及其生态服务功能价值评估方法和实践等方面。主要包括以下两个阶段：第一个阶段是森林生态系统服务功能及其价值评估，而森林生态系统服务功能研究工作相对较早，其价值评估研究相对晚，森林生态系统服务功能的研究主要与市场相联系，更具有实际操作性，目的是为了在市场框架下进行交易，对其价值进行评估；第二个阶段是包括生态效益补偿在内的森林生态服务市场化研究，生态效益补偿是为了给生态效益的提供者实施补偿，解决由于市场机制失灵造成的生态效益的外部性并保持社会发展的公平性，森林生态服务市场化研究的目的是为了建立稳定合理的森林投入机制，达到保护生态与实现环境效益的目标。

目前，学者们对森林生态效益补偿市场化机制的研究仅处于起步阶段，其市场化交易的条件、具体交易方式、市场化后可能造成的生态影响等方面的研究相对滞后。在国家财力有限的今天，不仅要有效拓宽补偿资金渠道，更要加强全民有偿获得森林生态服务的意识和实践。

1.2.2 公共服务市场化及森林生态服务市场化问题研究评述

森林生态效益具有公共服务的性质，需要借鉴有关公共服务市场化研究的成果。

1.2.2.1 公共服务市场化的研究评述

一般来说，稀缺公共物品的供给应由政府承担，政府提供公共物品有三种形式：一是直接生产；二是从企业或其他生产经营主体那里购买再提供给社会，也就是要求企业生产而政府给予企业以经济补偿；三是制定政策引导公共物品市场的发育和完善。

由美国著名经济学家詹姆斯·M·布坎南创立的公共选择理论提倡将经济领域的理性“经济人”假设引入政治领域中的政府管理活动进行分析，他们认为政府官员与市场经济中的“经济人”一样是理性的、其行为是追求自身利益最大化的，由理性“经济人”组成的政府必然也是追逐利益最大化。公共选择理论强调政府进行职能让位，集中精力做自己能做好的事，把其余的事交给市场，其中最重要的一点就是进行公共服务市场化。市场化的基本理念是在公共服务领域引入竞争机制，实现公共服务的最佳供给和公共资源的有效配置。随着市场技术在各国的进一步成熟和完善，政府进行公共服务市场化改革在全球成为不可逆转的改革趋势（李艳波，2004）。

公共服务的市场化提高了公共服务的效率，同时又保障了社会公众的利益。政府在公共服务中的作用在于制定基本框架和约束规则，针对服务者进行规约，各服务主体在公共服务基本框架下独立运行，合法权利不受干涉。制度设计上使公共服务需求者与供给者之间的影响力保持平衡，是保证公共政策合理与否的前提。公共服务的市场机制是指政府为满足公众的需求，由市场提供的服务，这些服务之所以还称为公共服务，关键在于需要由政府控制，但是这种控制不同于传统的由政府一家控制，是一种建立在合约之上的联合控制。这种控制的有效性取决于受政治影响的程度强弱，然而总体趋势是减弱。总之，公共服务市场化提供必须有政府的某种参与，政府不参与的服务供给会脱离公共服务的本意（刘静波，2006）。

公共服务市场化成为各国政府改革的必然趋势，被认为是解决政府垄断、低效的有效方式。但任何一种制度都不可能是完美无缺的，公共服务市场化实施过程当中也存在着诸多难以逾越的困境，产生了预期与效果的差异。

1.2.2.2 森林生态服务市场化问题研究评述

随着科技的发展、制度的创新，进入市场交易的不再仅限于实物，原来无法进行交易的无形产品也逐渐进入市场，因而生态服务的市场化也只是时间的问题（夏振洲等，2006）。由于存在政府财政资金有限和“政府失灵”，国家管理环境的职能只能在一个可以承受的范围内行使。在市场经济条件下，国家（政府）调节环境冲突的作用可以适当地由市场机制所替代（刘燕华等，2001）。因此，探索新的生态建设制度，通过市场机制使生态生产成为个人的理性选择应成为今后生态建设政策的演进方向。

一些学者已经针对森林在某区域的主导生态效益的补偿问题积极探

讨市场化的途径，例如蔡志坚（2006）在《我国发展森林水文服务市场的相关问题探讨》一文中认为，由于政府管理效率的低下及资金不足已经极大地影响了森林水文服务持续、有效的供给，致使生态系统受到极大破坏，需要借鉴国际森林水文服务市场发展的经验，从市场发展动力和创建全流域森林水文服务市场入手，对如何促进我国森林水文服务市场的发展作了探讨。刘璨（2002）在《我国森林资源环境服务市场创建制度分析》一文中指出，森林环境服务市场的建立与发展还存在以下因素：在需求方面存在环境意识淡薄、支付能力与支付意愿低、缺少受益者参与机制；在供给方面存在供给意愿不强、供给能力低、森林环境服务的不确定性以及对其价值能以准确计量、交易成本过高等因素。

1.2.3　条件价值评估法应用研究及经济行为研究评述

自20世纪90年代条件价值评估法（Contingent valuation method，简称CVM）引入我国以来，在理论研究方面，分别对条件价值评估从理论、方法及问卷设计等方面进行了研究（徐中民等，2003；杨开忠等，2002；张志强等，2003；李莹，2001）。在实证研究方面，分别采用CVM对井冈山林区受益居民享受良好的生态环境服务的支付意愿、恢复额济纳旗生态环境的支付意愿、黑河流域张掖市生态系统的恢复价值、北京市居民为改善环境质量的支付意愿和华北高产农区公众对农业面源污染的环境保护意识及支付意愿调查进行了研究和探讨（钟全林等，2002；陈东景等，2003；张志强等，2003；李莹等，2001；刘光栋等，2004），这些研究主要对调查数据进行了描述性统计分析和回归分析。研究表明，CVM在帮助公共决策方面具有独特的作用。

有关人类经济行为的认识一般是建立在当代经济学核心假设——“理性人（经济人）”假设之上。该假设认为，人都是富于理性和精于算计的，都能自觉追求并能使自己的利益最大化。换句话说，每个人都能通过成本-收益核算或遵循趋利避害原则来优化选择其所面临的一切机会和目标及实现目标的手段（陈伟东等，2005）。事实上，这种对经济人即是追求经济利益最大化的自利人行为内涵的认识与假定，是不符合人类行为的真实状况的（陈惠雄，2006）。近年来，经济学家们不断修正对经济人行为内涵的认识与假定，对经济人行为的解释力不断增强。

1.2.4 城市生态环境及城市森林研究评述

1.2.4.1 城市生态环境问题研究评述

2000年世界有一半的人口居住在城市里，预计2025年城市人口比例将达到62.5%，而且发展中国家城市人口增长的速度要比发达国家更快。世界城市化给全人类带来经济和社会效益的同时也带来许多问题，尤其是一系列的城市生态环境问题（刘耀彬等，2005）。城市化进程中产生的一系列生态环境问题，引起了国内外学者的高度关注，推动了城市生态学的发展。随着可持续发展理论的研究，城市的可持续发展已成为人类可持续发展的重点和焦点，目标是使城市的人口、资源、环境协调一致，形成一个稳定、高效、持续发展的生态经济系统。

城市生态学的发展使人类对人居环境和可持续发展有了深入的认识，建立生态城市已经成为21世纪城市发展的目标。城市生态系统的提出，标志着城市生态学理论的新突破，为城市生态环境问题研究奠定了理论和方法基础（鲁敏等，2002）。城市生态系统是一个以人类生活和生产为中心，由居民和城市环境组成的自然、社会、经济复合生态系统。自然生态环境是宜居城市环境系统的核心组成部分，也是宜居城市的首要判别标准。只有加强城市生态环境建设，才能创造良好的人居环境，促进城市的可持续发展。

1.2.4.2 城市森林建设研究评述

我国城市森林建设已经纳入了中国森林生态网络体系建设，以林木为主体的城市防护林、城市绿化隔离带、城市绿色通道建设日新月异。搞好城市森林建设，有利于增强城市抵御外部生态灾害侵袭的能力，减少城市自身排放的污染，减轻或者避免对周边生态环境的危害。

生态城市是城市可持续发展的方向，城市森林建设是生态城市发展的重要内容，城市森林以其独有的生态服务功能获得极大的关注，通过举办城市森林论坛研讨会等理论研究和开展生态城市建设实践而不断地推动了城市森林规划和实践水平的提高。例如，广州市将城市森林规划为城区森林、近郊森林和远郊森林3个不等径的同心圆，长春市制定了“森林城”的建设规划，包括市区、郊区、县城等3个层次，建设内容包括公共绿地、边界防护林、风景区、森林卫星城镇等十大绿化工程，目前已投入大量资金将市区绿化树种更新为常绿的松树。1997 年广州市建立了广州城市林业管理信息系统，该系统具有采集、管理、分析和更新多种区域空间信息的能力，共分为 6 个子系统，即公园管理子系统、行道树管理子系统、绿地管理子系统、市郊森林管理子系统、管理机构管理子系统、法规文件管理子系统。该系统具有多种媒体的录入、查询、输出各种绿化信息的功能，提高了广州城市绿化管理水平。

目前对城市森林生态功能价值进行评价研究主要采用森林生态功能的再生产费用、森林所带来的效益和森林生态功能丧失带来的收入损失等 3 种评价方法，由于区域差异较大，现有的文献都是针对某一具体城市进行研究。例如，杨旭涛（2006）对滁城城市林业建设现状与发展对策进行探讨，陆贵巧（2006）对大连城市森林的水土保持、涵养水源、固碳释氧、净化大气等方面的生态效益进行评价。

城市森林建设已经成为城市建设的基础设施之一，有些城市积极进行一些有益的探索，大连市、中山市发展城市森林的过程中选择“政府主导，市场带动，群众参与”的政策模式。政府主导有助于把握正确的发展方向，并保证森林生态服务的有效供给；市场带动能够给森林的保护、建设与发展带来生机，提高有限森林资源的配置效率；群众的广泛参与则是森林环境政策走向成熟的标志（蔡剑辉，2004）。

1.2.4.3 居民参与城市森林建设情况

目前，居民参与城市森林建设的一般形式是义务植树，在一些地方政府的鼓励下，企业和居民个人参与屋顶绿化建设。重庆市渝中区大力向空中发展绿化，政府出资金“赞助”屋顶绿化。根据《渝中区关于实施屋顶绿化建设的管理办法》，渝中区政府鼓励屋顶绿化，解决人均绿地严重不足的问题。此办法已实施了很长时间，但很多市民不知道，主动向市政绿化局申请实施屋顶绿化的人寥寥无几。渝中区市政绿化局鼓励单位和个人在屋顶大搞绿化，修建前必须经过安全检验。屋顶修花园必须要保证安全，在确保建筑荷载和防水安全的条件下进行。市政绿化局请专人来勘测安全性，判断是否具备修建屋顶花园的条件，私自动工将会被禁止。市民在修建屋顶花园前，先向渝中区市政绿化局提出申请，递交自己设计的修建方案，然后由绿化专家在充分利用空间、搭配绿色植物方面提出建议。经审查合格，业主修建完毕后，政府按照实际发生的修建费用的30%给予补助。屋顶花园这一独特的建筑构造形式为人们的生活增添了品质、情趣和健康，这已得到世界各国的认可和青睐，并且一些发达国家在新营造的建筑群中，从设计楼房图纸时就考虑到了屋顶花园的项目设计，造园水平也越来越高，不难看出屋顶花园有着强劲的发展态势和前途。

1.2.5 居民参与社会经济活动方面的研究评述

李涛（2006）对居民参与股市的实证研究有四组主要发现：第一，积极的社会互动推动了居民的股市参与，尽管中国股市近年来低迷表现造成的普遍性股民亏损的确有其负面影响；其次，较高的信任程度促进了居民参与股市；第三，高收入、高学历、高年龄的居民股市参与更积极；第四，社会互动对低学历居民参与股市的积极作用更为明显。以上发现支持了股市参与的“社会互动论”和“信任论”，也符合传统的股市参与解释。

耿欣（2006）在其硕士学位论文中论述了彩票作为居民参与环境保护的一种自愿供给方式的运作过程，认为发行环境保护彩票是一种筹集社会闲散资金的有效手段。

白柯（2005）对成都市居民社区参与行为进行调查后发现，目前城市社区发展所面临的最大问题是缺乏居民的有效参与，并认为只有使居民直接参与社区的管理和建设，才能提高居民的社区意识和社区参与程度。为加强社区参与提出还原居委会的自治属性、加强居民代表的代议关系、建立健全更加完善的社区参与渠道等措施。

1.3 国外研究现状及评述

1.3.1 国外对森林生态效益价值评估的研究评述

过去经济学家关注有市场价值、能进行交换的森林产品，现在的趋势是没有市场交易的森林生态服务功能更受重视。近年来，许多自然资源经济学家开始研究自然资源生态系统的价值。这些研究对环境服务和生态服务的评估有很大的贡献。

1.3.1.1 森林生态效益的经济价值评估研究评述

对森林生态效益进行补偿的前提是对森林生态效益的经济价值进行

评估。国外对森林生态效益的经济价值评估是在20世纪80年代末随着经济的发展而逐渐兴起的（米锋等，2003）。目前对生态效益的研究越来越受到林业经济学家和生态学家的重视，很多国家已开展了这方面的研究工作并取得了一些成果。国外生态效益评价方面的研究，主要分两个学派，一个是以 Costanza（1997）等人为代表的“生态经济学派”，认为生态功能价值可以计算，并且提出市场价格法和替代法两种计量方法，并在1997年估算了全球16种主要生态系统的17种生态系统效益的总价值；另一个是以 Pearce（1998）等人为代表的“环境经济学派”认为生态功能价值难以计算，并且认为恰当的计量方法为：支付意愿法。

在国外，许多经济发达国家，政府重视对生态环境的投入，其林业发展走政府与市场结合道路，通过政府对林业的补贴和对受益部门收取生态效益补偿费等办法，解决了林业建设经费不足的问题，使森林经营进入一种良好循环状态（刘璨，2003）。

1.3.1.2　国外对森林生态效益补偿案例评述

随着对生态服务功能和价值的不断研究，世界各地出现了各种形式森林生态服务补偿的案例，具体补偿类型和补偿形式如表1-1所示（李文华等，2006）。实践表明，私有资金的引入和森林生态服务补偿市场在特殊区域显示出经济与生态效益双赢的良好效果，初步显露出了市场在森林生态服务补偿和环境保护中的作用。

表1-1　国外典型森林生态效益补偿实践

Table 1-1　Typical Foreign Practice on Compensation of Forest Ecolocial Benefit

补偿类型	国家或地区	采取补偿形式
政府投入对林业的扶持	美国	选取“由政府购买生态效益、提供补偿资金”来提高生态效益，美国国有林和公有林由联邦林务局和州林业部门做预算，报联邦和州议会批准执行
	英国	国有林收入不上缴，不足部分再由政府拨款或优惠贷款
	德国	国有林实行预算制，由议会审议后，财政拨款

（续）

补偿类型	国家或地区	采取补偿形式
政府对林业补贴	奥地利	鼓励小林主不生产木材，只要经营森林接近自然林状态，政府给予补助
	英国	私有林主营造阔叶林，给予补贴
	法国	国家森林基金（受益团体投资、特别用途税、发行债券）开辟林业资金渠道
	芬兰	营林、森林道路建设及低产林改造提供低息贷款，由财政贴息
政府减免森林资产税收	法国	私人造林地免除5年地产税，按树种分别减免林木收入税10~30年
	芬兰	更新造林15年不缴纳所得税，国有林缴纳少量财产税，森林面积在200hm^{2}以下不计税
	德国	国家仅对抵消营林支出后的收入征收所得税，同时对合作林场减免税收
对直接受益部门征收补偿费	加拿大	森林公园、植物园、自然保护区等以森林为主体的旅游部门，必须在其门票收入内提取一定比例补偿费给育林部门
	欧盟	推行二氧化碳税，实现生态效益补偿
	美国	在国有林区征收放牧税
	哥伦比亚	污染者和受益者收费
	日本	水的使用者收费，补偿河流上游的林主
市场交易模式	哥斯达黎加	政府发展碳券（carbon bonds），发行贸易抵消证明(CTO's)给外国投资厂商，有效保证期限为20年，国外投资者可利用此证明抵免他在本国内需要减少的二氧化碳量
	德国	允许按规定经营的生态林效益按照法律规定进行销售，提出了建设“生态账户”的形式

1.3.2 生态服务价值评估的应用研究评述

条件价值评估法CVM自1953年由Davis R K首次提出后，最初被应用于研究美国缅因州林地宿营狩猎的娱乐价值，从19世纪70年代至今，CVM已经在包括美国、英国、法国、瑞典和丹麦等国家在内的欧美发达国家得到广泛应用，应用领域也扩展到包括计量环境的娱乐、环境质量改善、湿地恢复、自然资源保护所产生的经济价值等许多方面。

目前，该方法已经成为国外生态经济学和环境经济学领域中最重要而且也是应用最广泛的衡量非市场物品的重要方法之一，例如：Thomas 等（2004）评估美国卡罗莱纳州西北部田纳西河沿岸水文补偿成本和收益分析，以生态系统服务 5 个指标的形式体现补偿后的收益情况，5 个指标包括可供垂钓的鱼的数量、水的清洁程度、栖息野生动物数量、可供食用的水质情况、生态系统的自然性；用 CVM 设计二选一，题目顺序排列，被提供给本地居民，以税收形式调查该县的居民关于水文服务的家庭支付意愿。Hamid Amirnejad 等（2006）研究伊朗北部森林对公众的存在价值，调查人们是否愿意为保持森林而出资，应用 CVM 调查法，测量公众对 WTP 的偏好，用调查问卷的形式，来估计非市场交易的经济价值；在杉树保护方面应用条件价值评估法对黎巴嫩珍贵树种杉树经济价值进行评估，研究表明，应该通过建立国家信托基金来保护杉树（E. J. Sattout 等，2007）。Berta Martín - López 等（2007）应用条件价值评估法对西班牙 Doñana 自然公园多样性保护进行调查，认为人们的态度等非经济因素同样影响着居民的支付意愿，是建立多样性保护基金的影响因素。

Serkan Gürlük（2006）在《Misi 农村发展项目的区域生态系统服务价值的评估：应用条件价值评估法调查的结论》一文中利用条件价值评估法对通过 Misi 农村发展项目（MRDP）来增加生态服务的非使用价值进行了评估。MRDP 拒绝增加诸如森林和河流等生态系统的非使用价值，那里的居民不能直接在市场上购买此类公共物品和服务。该研究认为土耳其 Misi 定居点的生态系统服务具有可持续性，可以说，在发展中国家的农村发展项目有利于提供可持续的生态系统服务。

《中国广州城市绿地的娱乐用途和条件价值评估》论文使用了问卷调查的方法研究了中国南部广州市城市绿地的使用方式和行为。通过条件价值评估法和支付意愿量化非货币化的收益。广州居民愿意在家人的陪伴下在绿地上一同娱乐。居民住地附近的小型的、设施不全的娱乐场所不受欢迎。居民已经习惯了支付绿地的使用费，96.6% 的居民在使用城市绿地时有支付意愿，比其他城市居民的支付意愿更高。支付意愿和收入之间有显著关系，用 probit 模型可以表示出城市绿地作为高级商品的重要性。研究表明在中国的政治、经济和文化背景下，可以把条件价值评估法应用于绿地的研究中（C. Y. Jim 等，2006）。

《环境公共物品条件价值评估的合理性：从两个层次评价用于改善环境的支付意愿》论文研究了居民不愿意支付的原因。在不愿意支付某项环境公共物品的条件下，条件价值评估法可能不适用。在使用条件价值评估法的时候，应当使回答问题的人感觉到估值过程的合理性，以帮助市民对环境公共物品做出决策（Bradley S. Jorgensen 等，2001）。

Hamid Amirnejad 等（2006）在《运用条件价值评估法对伊朗北部森林价值的评估》论文中进行研究的主题是要确定临近里海的伊朗北部森林价值以及使用条件价值（Contingent Valuation，简称 CV）和二选一（Dichotomous Choice，简称 DC）方法通过 Logit 模型测量居民个体的支付意愿，并基于最大似然法（Method of maximum likelihood，简称 ML）进行模型参数估计。为了确定伊朗北部森林对公众具有的存在价值，对人们是否愿意为保持森林存在而出资进行了调查，调查是在假设市场的前提下，调查问卷中涉及的收益不是人们惯常认为的收益。应用 CVM 调查法，测量公众对 WTP 的偏好，用调查问卷的形式，来估计非市场交易的经济价值。通过让人们了解一定信息的基础上，让他们对不同的产品出价，这样做的前提是人们能够把一系列的环境标准转化成用货币体现特定资源的价值大小。虽然伊朗作为一个发展中国家，生活水平中等偏下，但是有迹象表明人们还是愿意为保护环境而出资。该研究涉及出价、收入、教育水平、性别、年龄、对伊朗北部森林目前状况的关心程度、对环境的态度、对伊朗北部森林的不同价值的感觉、对于缺少合适的管理策略带来的损失的反映等许多变量，统计各变量的均值、标准差、最小最大值。对于变量、数学计算和参数估计的统计学分析是运用 SPSS、MAP 等软件进行的。得到调查数据的基本构成情况是：81% 的受访者是男性；5.9% 是职业人士，53.5% 是商人，24.7% 是政府人员，8% 家庭主妇，3.6% 退休人员，3.8% 工人，0.5% 是摆摊的小商贩和出租车司机；20.5% 的受访者没去过那里，41% 很久以前去过一次或两次，38.4% 的人经常去。对环境的态度分为非常赞成、赞成、中立、反对、强烈反对等 5 项。对出价系数的估计是 WTP 概率最重要的说明变量，统计过程中在 1% 的显著水平下对该系数进行估计，该系数为负值这就表示在假定的市场条件下，WTP 选择“是”的概率会随着出价的增加而减少；在1%的显著水平上，收入变量的系数为正值，说明随着收入的增加，出资额也越高；在5%的显著水平上，受教育程度的系数为正值，说明受教育程度越高，出资额也越高；在5%的显著水平上，年龄的系数为负值这就表示，年轻人比其他人群愿意接受的概率更大。结果表明，84.4%的调查者能做出更客观的选择。在这次调查中，有65.8%的人愿意出资，WTP均值是每户每月2.51美元，这种情况表明，伊朗人对森林的保护很重视，政府应该加强对公民社会福利的财政支出，如果每户支出能被公众认可，研究者可以计算通过家庭总数计算出森林的存在价值。如果存在价值的问卷在伊朗全国进行调查，伊朗家庭数125万户，伊朗北部森林存在价值197万美元。根据调查结果，现在全国范围支持保护的人比以前多，这是一个好的发展势头；在1%的统计显著水平下，出价和收入的不同对WTP值的影响很重要；在5%的统计显著水平下，教育和年龄对WTP值的影响次之。伊朗人对北部森林状况很敏感，88%调查者很关心那里的状况，认为人们应该把这片森林当作国有的资产，要求政府给予更多的关注，建立更多的相关组织。

1.3.3 居民支付意愿影响因素的研究评述

Ryan H. Wiser（2007）用条件价值评估法通过对交通工具的集体和自愿支付方式的对比来探究可再生能源的支付意愿。这项研究采用了抽样和二分选择估价法调查1 574名美国居民，探讨在交通工具的集体和自愿支付方式下，政府及非政府供给情况下对可再生能源的支付意愿。同时也评估了“参与期望”对所规定的支付意愿的影响。研究发现，集体的付款机制与过去的自愿付款机制相比，受访者的支付意愿要高一些。同样地，对于私人提供的物品要比政府提供的支付意愿高一些。该研究还发现对条件价值评估的反应与预期的其他人的支付意愿具有强相关性。研究结果表明，影响支付意愿的因素包括对战略的反应行为、不同的条件价值评估设计的兼容性以及美国家庭对可再生能源偏好的实际洞察力。此外，还对条件价值评估法进行了更深入细致的分析，例如，公共物品条件价值评估中的调查规则和收入产生的影响分析（Felix Schläpfer，2006）、对公共物品的既定偏好的确认：条件价值评估法调查中的回答和实际投票行为的比较（Felix Schläpfer等，2004）。

Dominic Moran 等（2007）在《苏格兰农业环境政策的公众偏好的量化方法：一种方法的比较》论文中对有关改革苏格兰农业扶持政策方面的优先权确定的两种方法进行了比较。多功能的农业试图在传统的农产品扶持和非市场化商品与服务的生产补偿之间建立一种新的平衡，公众对这些非市场化商品与服务的需求日益增加。这些非市场化产品与服务涉及一些影响消费者需求的优化政策设计方面的特殊问题。采用层次分析法和选择性实验法等两个独立的调查方法调查了苏格兰公众对未来农业环境政策改革的偏好。研究表明，公众为了改变现状具有一定的偏好和支付意愿（一般采用收入所得税），而且政策补偿应兼顾环境和社会效益。这两种方法测出的偏好有所不同，原因是受访者有限的理性和判断的不确性。涉及具体政策问题时，有关选择方法的有效性还需要进一步探讨。

Jayanath Ananda 与 Gamini Herath（2007）在《多属性偏好模型与土地利用规划》一文中以澳大利亚区域林业协议程序作为分析案例，利用层次分析法在林地使用选择优化方面研究出资者的综合偏好。结果表明，层次分析法能够应用在公众参与和增加处理的透明度与信任水平的决策制定方面。该文认为，为了综合利用森林产品与服务，林业管理政策的选择是错综复杂的。困难在于生态服务的货币化评估和涉及多个出资者。多属性决策技术常被用来分析与区域林业计划有关的出资者偏好，因为它能够对相冲突的多维的不能直接比较或无法比较的对象进行分析。

1.3.4 国外森林生态服务市场化方面的研究评述

随着森林生态效益补偿理论的不断完善，研究者们对具体的补偿机制研究逐渐增加。国外的研究偏重于市场化的补偿模式、市场化补偿的条件以及影响因素等方面。森林趋势组织（Forest-trends）和卡通巴工作组对森林生态效益的市场化方面进行大量的研究。

Landell-Mills N. 和 Porras I.（2001）把环境服务市场（markets for environmental services，简称 MES）也称为森林生态服务补偿（payments for environmental services，简称 PES），在《银弹还是愚人金——森林环境服务对贫困的影响及市场开发的全球性展望》研究中披露：世界上现已有 287 例森林环境服务交易，其中 75 例是碳贮存交易，72 例是生物多样性保护交易，61 例是流域保护交易，51 例是景观美化交易，还有 28 例属于“综合服务”交易。这些案例并非仅集中于发达地区，而是遍布美洲、加勒比海、欧洲、非洲、亚洲以及大洋洲的多个国家和地区。这项研究不仅展示了惊人的市场发展现状，也显示了市场结构的多样性。英国伦敦的国际环境与发展研究所（International institute of environment and development，简称 IIED）、美国的森林趋势组织（Forest trends）分别就环境服务市场及其补偿机制在世界范围内的案例进行研究和诊断，以此作为理论探讨和实践应用的依据。国外的森林生态服务市场化的具体实践能够为我国森林生态效益补偿研究提供一些有益的启示。

1.3.5　国外城市生态环境及公共品供给的研究评述

1.3.5.1　国外城市生态环境研究及城市森林建设情况评述

学者们在城市生态环境方面进行的研究比较多，例如：Vrishali Deosthali（1999）模拟了城市化对城市局部气候的影响；Grossman 和 Krueger（1995）用计量经济学方法，以 42 个发达国家的截面数据进行实证，揭示了随着城市经济水平的提高，城市生态环境质量呈现倒“U”型的演变规律，提出著名的环境库兹涅茨曲线（EKC）假设。Deplazes 等（2004）分析了城市化对城市野生生物的多重影响。Nilsson Kjell 等（2007）学者在《城市绿化援助项目的实施——俄罗斯彼得堡城市绿化项目案例分析》一文中对丹麦和俄罗斯合资完成的彼得堡城市绿化项目的文化历史价值、社会和生态价值进行了评价，并指出城市绿化空间开发已经被国际组织机构和捐赠者认为是改善城市居住和城市环境的重要手段。

1999 年 10 月，美国世界观察研究所在《为人类和地球而彻底改造城市》的调查报告中指出，建设生态服务功能高效的城市生态系统是生态城市发展的必经之路。美国国会早在 1972 年就通过了《城市森林法》，使城市建设向森林化方向发展，实现从绿化层面向生态层面的提升，已经成为城市建设的新课题。1986 年在卢布尔雅那国际森林研究组织联盟（IUFRO）建立“城市森林”计划工作组，研究有关城市化对森林破坏的危害并寻求解决办法，并采用信息技术支持城市森林的全面管理。美国林学会 1981 年建立了全国城市森林委员会，在对政府的城市绿化政策以及公众态度的影响方面发挥了极大的作用。在美国成功地建立了城市行道树的编目与分级系统，该系统在树种调查的基础上记录了每株行道树的具体信息，包括其位置、生长状况、维护记录等，能够随时查询并确定工作量，而且可以利用每年对树木的调查资料和数据库信息编制管理计划。在美国已有23%的城市具备城市森林计算机管理体系，对每一株树木都建立完备的管理档案，可以说，已经进入对城市森林实行精细化管理的阶段。同时，为吸引广大城市居民积极参与植树，在1972年设立“树木节”，并注重对公众的宣传和教育，1984年在全美新闻媒体的关注、居民的参与以及企业的资助下，成功地开展了种植100万株树木的城市绿化运动，对改善城市环境质量发挥了积极的作用。1989年美国林学会发起一个“社区植树及养护管理对改善全球环境的意义”的全国性的行动，通过发挥了公共媒体的作用，来促进了城市林业的发展。

日本政府在1973年制定《城市绿地保护法》，其中规定由城市居民参与绿化协议的缔结，使城市居民能按照自己的意愿参加城市树木的种植及保护。东京作为世界第三大城市，虽然人口密度大，但东京地区的平均绿化覆盖率已达到64.5%，东京市的城市森林主要是行道树、公园树木以及城郊森林。东京的行道树每年都有详细的调查记录，在30年间人口增加21.3%，行道树总量增加270%。东京周边拥有较大面积的国有林地和私有林地分，不仅成为东京居民的主要游憩地，而且对东京城市环境的改善起到十分重要的作用，30年来东京大气污染物SO_2与CO及漂浮物明显下降（彭镇华，2003）。

1.3.5.2 公共品供给的研究评述

生态系统提供的环境服务属于公共服务范畴，需要社会组织的积极参与。Franz 和 Gatzweiler（2006）指出，为了实现生态系统的可持续利用，需要建立有关社会组织来响应生物多样性的特点和功能，由于生态系统是一个复杂系统，对它的管理应该交叉分散在多个权力中心，在运行过程中需要有适应多样性的调节系统，为此，需要建立一个生态系统服务方面的公共组织，为维持生物多样性提供支持。

Matthew J. Kotchen 与 Michael R. Moore（2007）两位学者在《公共环境产品的私人供给：家庭参与绿色电力规划》一文中通过住户参与

绿色电力计划的实证分析来研究公共环境产品的私人供给状况。论文的第一部分提出了一种分析住户决定自愿参与绿色电力计划的理论框架，分析不同的参与机制与有关纯公共物品或准公共物品的现有理论模型的相关情况，利用该模型描述公共设施提供的等级标准对参与机制的影响。论文的第二部分提供了一个关于实际参与纯公共物品和准公共物品的两个绿色电力计划的实证调查。数据来源于所调查的两个计划中的原住户的参与者和非参与者，所有的有效数据都是关于家庭用电消耗方面的。计量经济学结果解释了文章中的理论模型，并与其他的公共物品私人供给方面的研究进行了比较。

随着非政府组织（Non - government Organization，NGO）作为“第三部门”（the third sector）的不断发展，私人自愿供给在公共品供给中的地位越来越不容小视，特别是对一些事关居民基本社会福利及保障的事业，发挥着越来越大的作用。据统计，美国非营利组织捐赠体现的公共品供给规模在 1997 年相当于政府支出规模的 5.1%，占当年 GDP 的 1.6%（樊丽明等，2006）。例如：美国 18 岁以上的公民中有 49% 做过义务工作，每人平均每周义务工作 4.2h，相当于创造了 2000 亿美元的价值。丹麦有近 80% 以上的青年曾参加过志愿服务活动。志愿者参加的公益活动有：环保宣传、义务帮助环保组织工作、参加植树、宣传教育、清洁环境、筹款等公益活动。由于发达国家已建立完善的信用体系，公民投身社会公益活动将有利于其个人信用等级的提升，从而更好地在社会立足。

1.3.6　公共政策制定方面的研究评述

Delali B. K. Dovie 等（2006）在《公共用地的牲畜收益、农村生计及相关政策制定的评价》一文中对南非林波波省的一个具有公共用地的地区从畜牧生产到农村家庭的多种收益进行了评价。文中指出，政策需要关注的是提供足够的市场和为公共用地的畜牧业提供定价机制、量身订制的储蓄、投资支持、信用计划以及基础设施，形成兼顾多功能效益的生产模式。

森林的可持续化管理已经成为世界森林学领域的一个很热门的主题，对森林的管理涉及生态、经济、社会效益等各个方面，在管理目标上对森林多种产出和服务的清楚认识，改变了人们对森林价值的经济学分析，同样，相应的政策手段应有助于实现包括所有权和评价在内的多功能目标。影响森林政策选择的因素包括：产品和服务的种类、社会价值和经济价值，然后讨论了传统的和新的发展中的自然资源政策工具，并且讨论了在满足森林所有者和社会目标方面的应用，希望在未来能实现森林的多功能和可持续发展的目标。国外森林管理的政策手段如表1-2 和表1-3 所示。

表1-2　国外森林管理的政策手段-1

Table 1-2　Policy and Method for Foreign Forest Management-1

土地所有权	市场交易范围	工程项目融资手段	市场开发手段
国　家	小型私营	国际银行贷款	保持便利设施
公　有	产业化	自然恢复	采伐限额
当地所有	木材投资组织	风险投资基金	可买卖的保护权

表1-3　国外森林管理的政策手段-2

Tables 1-3　Policy and Method for Foreign Forest Management-2

计划管理的产品	市场交易范围	工程项目融资手段	市场开发手段
木材产品	合作者	政策及商业担保	探矿费
非木材产品	产品与服务	保持信任基金	环境服务补偿
最终产品	产　品	环境保护基金	环境退化补偿
服务和愉悦	服　务	有价证券	碳抵消补偿
消遣娱乐	愉　悦	非政府组织赠与	清洁发展机制

表1-2 和表1-3 总结了从所有权、计划管理到市场开发范围内的政策手段，可以选择私人和公共资金以及促进市场发展的工具，手段的连续统一反映了公共和私人森林政策的发展本质，活动范围从单一用途的目标扩展到多用途目标的森林政策和手段。政策和手段涉及所有权的管理、产品、计划、规章制度、津贴补贴和保护教育研究，以及私人市场、新出现的公私混合部门。同样人们在这些部门需要创造性地应用这些政策，所有权的管理更关注于弱化国家对地方团体的控制和森林可持续管理的国际性论坛。国际交易协议、森林法律和成果管理、私人行

业、非政府组织、生态系统服务供给以及森林认证成果等活动促进了新林业政策目标的实现或实现这些目标所需要的手段的快速发展。可以通过改进传统政策来适应目前的政治、经济和资源环境。新的政策更多地重视影响多功能林业的各个要素，包括非市场资源、社会和团体的标准、集体和公共产品，同时，新的多功能政策工具必须适应有限的政府预算以及较少的专业人员，因此，这些政策对于政府来说，是起着催化剂和规则制定的作用。官方发展援助（official development assistance，简称 ODA）包括优惠贷款和技术援助等，自 1991 年以来，官方发展援助（ODA）的增长都是源于基金会和非政府组织的私人部门投资（Frederick Cubbage 等，2007）。

1.3.7 国外居民参与环境管理的研究评述

1.3.7.1 态度、动机对支付意愿的影响方面的研究评述

Matthew J. Kotchen（2000）在《对环境的态度、动机与对非使用价值的条件价值评估：一个涉及濒危物种的案例研究》论文中研究的是对环境持有的态度、濒危物种的非使用价值和条件价值评估中问题回答的内在动机这三者之间的关系。研究结合了态度－行为和条件价值评估中的方法，从而使对环境保护持支持态度的受访者作出的是或者否的回答更合理，而那些对于环境保护表现漠然的受访者更有可能不接受假设的条件价值评估。分析显示，对于环境所持有的态度是作出肯定回答或者否定回答的重要解释变量，而且对于环境保护态度更坚定的人回答“是”的概率更高，他们的平均支付意愿（WTP）的估值也更高。对于环境保护的态度和保护非使用价值的动机之间关系密切。进一步说，对于环境保护持肯定态度的人具有更强的物种保护的道德观念。论文讨论以上结果是因为这些结果与条件价值评估法的实验假设有关。

Philip Cooper（2004）在《条件价值评估的动机构成：湖水质量改进的案例研究》论文中研究了个体在回答条件价值评估中的问题时所持有的动机和动机产生的作用，分析了态度和动机在具有潜在使用价值和非使用价值的环境物品的支付意愿调查中的影响。这种动机的构成比单纯的经济方面和非经济方面的动机更为复杂。社会动机与公共物品带来的收益相关，而不是与物品本身的收益相关，并且社会动机与支付意愿有关。支付意愿与个人为“公益事业”作贡献的责任感无关。对环

境的道德意识和利他主义方面的动机也和支付意愿相关，并且支付意愿也和生存以及个人使用价值方面的动机相关。并没有发现支付意愿与个人对要为“慈善事业”作贡献的道德义务感觉程度有关联。影响支付意愿的动机具体涉及到环境因素和利他主义的民族特征。

1.3.7.2　偏好对居民选择行为的影响方面的研究评述

Estelle Bienabe（2006）在《公众对支付环境服务中的保持生物多样性和自然景观的偏好》论文中阐述了外国旅行者和哥斯达黎加人对建立维持自然界多样性和景观环境服务的支付体系的偏好和支付意愿。为了评估人们关于私有林提供这些公共服务产品的偏好，调查了接受环境服务支付体系的不同地区受访者的选择情况。通过不同的专家和组织中心，制定偏远地区的被公认有助于保持生物多样性的环境服务支付体系和在易受影响的地区建立机构。嵌套的多项 Logit 模型结果表明，外国旅行者和哥斯达黎加居民都支持建立关于自然界多样性和景观的环境服务支付体系，这些结果对于了解受访者的不同社会经济特征来说是有说服力的，高收入人群更愿意为环境服务支付体系做贡献，保持生物多样性的支付意愿大于保持自然景观的意愿，这反映了自然界的存在价值。受访者对二选一的支付手段的偏好是混合的，外国旅行者更喜欢自愿捐献，而哥斯达黎加人是无所谓的。这个研究表明，有选择性的实验，包括专家和咨询公司的重大的初始研究，需要在政策手段的设计及发展的背景下研究出资人的偏好。

环境决策通常都是以支付意愿的形式把市场化和非市场化的收益进行比较。除了个性化的“消费者”偏好外，个体可以从市民的角度把社会作为一个整体，再对事物作出判断。在这种情况下，使用条件价值评估法评估支付意愿就不是判断公众偏好的合理而可靠的方法。Greig Andrew Mill（2007）在《爱尔兰对多用途森林的管理偏好：从市民和消费者的视角研究》论文中研究了偏好之间的区别以及对受访者支付意愿的影响。受访者被要求从个体/消费者和社会/公民两个角度回答对森林保护的支付意愿和对各种森林属性的偏好。调查结果显示个人在回答时因为角度不同而显示出不同的偏好。个人的支付意愿可以根据森林类型的不同而不同，并且符合个人对森林类型的偏好。这和社会支付意愿有所区别，社会支付意愿的出发点都是森林保护，并且和森林的类型关系不明显。这些结果表明个人/消费者的支付意愿与社会/公民的支付意愿是有明显区别的，并且显示社会支付意愿能够在整体上反映受访者社会观点和公共消费品的偏好。

在英国和挪威的两家宜家商店进行四组顾客调查，基于联合分析和条件价值评估两种方法的比较来调查对于具有生态标签的木质家具的支付意愿，目的是通过认证证书和生态标签调查人们对环境的态度，人们对具有生态标签的木质家具更愿意支付比没有生态标签的家具贵16%的价格（Knut Veisten，2007）。

1.3.7.3 居民参与社区管理的行为分析方面的研究评述

社区是以一定规模聚居的社会生活共同体（人群）。所谓一定规模，通常是以社区成员间可以互动的交往范围为准，相当于居民委员会的管理范围。在市场经济条件下，社区是集地理区位、社会人群、不动产、自治组织、文化认同等为一体的复合性概念。位于河边的、易被洪水淹没的平地称为漫滩，在漫滩的管理中，当地的每一个人都是出资者。只有当出资者参与决策制定时，他才是真正的参加。这需要本地社区联合起来进行漫滩管理或者能够代表出资者的可靠机构和群体的民主选举。真正的参与不仅仅是询问和要求，各级社会组织的出资者都会对漫滩管理的不同层次决策产生影响。参与是达成长远共识和协议的唯一方法。然而，为此来自管理机构的出资者和职员不得不认识到漫滩管理决策的可持续性是一个共同的问题以及任何一方为了共同的利益都将不得不牺牲一些对公共产品的需要，但有了共同的责任将使得参与成为可能性。这包括在不同范围内对出资者咨询机制的创新和参与能力的创新，尤其是处于社会边缘的群体的参与。这可能会包含意识提升、信心建立和教育以及提供能够促进参与的经济资源、明确收益和透明的信息来源。这项工作致力于出资者参加漫滩管理中的方法论。漫滩管理的特点是多目标和多数量的出资者。解决方法适用于多标准多参与者的决策问题，通常是基于个人决策者所制定的决策的聚合。当出资者的数量很多时，这种方法似乎有些不足。研究者利用模糊推测和模糊逻辑学已经开发了一种能包含多个出资者观点的方法。利用模糊期望值对等级、语言上的模糊、条件上的模糊等三种可能的不同反应类型进行分析，将分析后的结果作为输入。模糊期望值作为输入和多标准决策制定工具一起被使用。这种方法在加拿大的红河谷被用于漫滩管理，那里面临着周期性的洪涝灾害。该研究已经证实了出资者的授权能够改善漫滩管理过程并提供可被更多的出资者所支持的决定（Slobodan P. Simonovic 等，2006）。

1.3.7.4 国外居民参与环境管理的启示

上述的国外居民参与环境管理的实证研究表明，对于环境保护持肯定态度的人对环境具有更强的道德观念，对环境的道德意识和利他主义方面的动机和支付意愿相关。人们对支付手段的偏好是不同的，同时高收入人群更愿意为环境服务支付体系做贡献。个人从消费者的角度具有的支付意愿与从公民的角度具有的社会支付意愿是有明显区别的，并且显示社会支付意愿能够在整体上反映受访者对公共消费品的偏好。对环境持保护态度的人更愿意支付比没有得到环保认证的商品更贵的价格。

虽然在公共物品的供给上存在“公地悲剧”和“囚徒困境”，但是可以通过有效的参与机制促使个人为他们的共同利益而采取一致行动，从而将寻求自身利益的个人理性聚合成集体理性。从博弈论角度分析，对于小区内的每位居民来说，他们都希望小区绿树成荫、空气清新，从小区生态环境考虑，每位居民进行自愿供给即小区居民进行合作是他们的最优策略，但是如果个人无须付费，也不会被排除在小区优美环境之外，那他就不会有为小区绿化做贡献的动机，同样会陷入“囚徒困境”。

1.4 研究视角

根据对上述国内外研究现状的分析，确定本文如下研究视角：

（1）从多维供给的视角进行研究。目前，虽然国内外出现了一些森林生态效益市场交易的案例，但是还没有开展城市森林生态服务供给方面的研究。一般认为城市森林生态服务属于比较纯的公共产品和公共服务的范畴，对它的供给是政府的职能，是“不适宜”采用市场化运作方式的，但是随着人们对生态环境认识的提高和支付意愿的增强，可以通过政府提供强制性生态消费的公共服务制度安排来改善城市的生态环境。基于居民日益增长的生态需求和政府财力有限而对公益事业资金投入不足的现实考虑，本书通过系统地研究城市森林生态服务的供给主体、供给范围、功能及供给主体间的相互联系，探求有关保障城市森林生态服务供给的政策制定，为改善城市生态环境状况探索新的途径。

（2）从实证调查研究的视角进行量化研究。本文在调查分析居民参与城市森林生态服务市场化供给和自愿供给的支付意愿的基础上，结合大量的有关公共物品市场研究成果和人类在经济活动中的行为规律，探求城市森林生态服务的政府供给以及企业和居民参与的协同作用机制，揭示居民参与的行为模式，通过对居民参与城市森林生态服务供给的保障机制的研究来激励企业和居民参与城市森林生态服务的市场化供给和自愿供给。

（3）从调动企业和居民参与积极性的视角构建城市森林生态服务供给的保障体系。

为了调动企业和居民参与城市森林生态服务供给的积极性，就应该从满足企业的经济利益需要、居民的生态需求及精神需求的角度构建相应的政策保障体系和技术保障体系。

1.5 研究方法和技术路线

1.5.1 研究方法

（1）文献分析法。查阅期刊网、政府信息网等刊登的文献资料和统计年鉴，获得权威性资料，从而了解有关森林生态服务市场、居民自愿供给和城市森林建设方面的状况、存在的问题及解决措施。

（2）实地调查法。通过实地调查获得第一手数据资料。为了使政府的城市林业建设政策能够调动广大居民参与的积极性，需要根据城市经济发展水平情况选取 2 ~ 3 个城市开展问卷调查，在每个城市首先根据小区地理位置和生态环境状况进行分层抽取样本单元，然后对样本单元的所有住户进行入户调查。

（3）定量分析法。数据整理后利用统计分析软件 SAS（V8.2）进行关联性分析、属性数据分析，从而获得居民为改善居住环境的支付意愿及影响因素方面的信息；通过聚类分析、Logistic 回归分析对居民参与城市森林生态服务供给的行为模式进行归类并建立居民行为的选择模型。

（4）理论规范分析法。基于实证分析结果，综合运用经济社会学、行为经济学、统计学、市场经济理论、产权经济理论、森林生态效益补偿理论等相关理论知识，开展构建居民参与城市森林生态服务供给的政策保障体系研究。

1.5.2 技术路线

本研究的技术路线见图1-1。

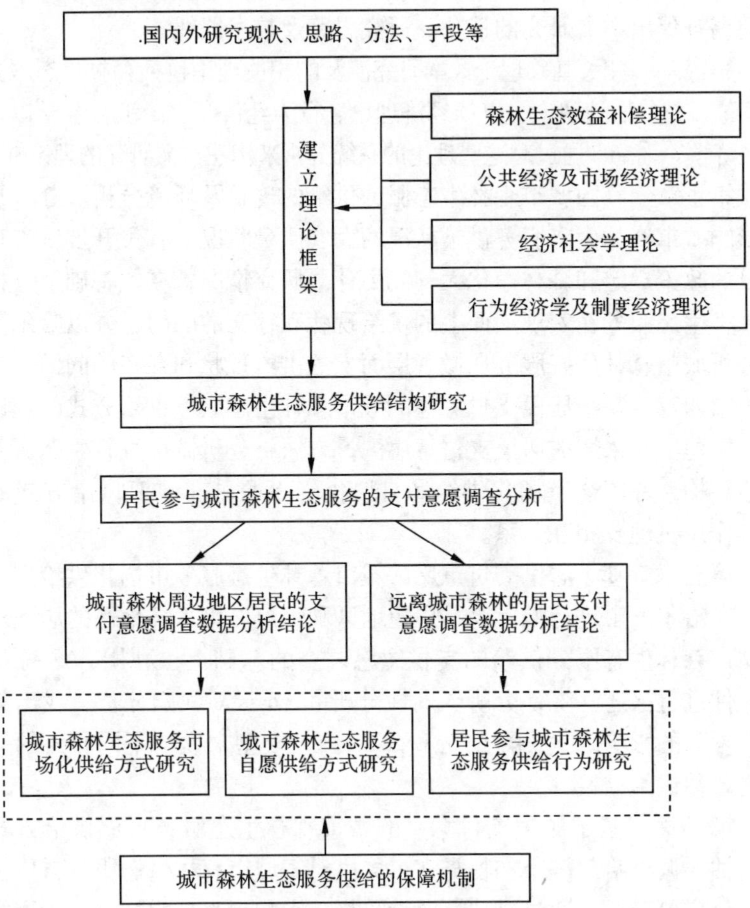

图1-1　研究技术路线

Fig. 1-1　Research Framework for Paper

1.6 研究主要内容及创新之处

1.6.1 研究主要内容

本文的研究是基于森林生态效益价值大小取决于公众的支付意愿和能力的观点而开展的，共分为八章，主要内容如下：

第一章 绪论。在分析研究国内外研究现状的基础上，结合前期的实地调查提出本文研究的视角、研究思路及技术路线。

第二章 相关基础理论。本研究涉及的相关理论包括森林生态服务市场理论、公共物品理论、市场经济理论、行为经济学、经济社会学以及制度经济学等理论，通过对这些理论的系统分析来构建本文研究的理论框架。

第三章 我国城市森林生态服务供给的现状及环境分析。分析了直接影响城市森林生态服务供给状况的大气质量状况、有关开展城市森林建设的政策规定和森林净化大气能力计量研究情况，在此基础上分析城市森林生态服务在宏观层面上的供给现状和存在的问题，并以哈尔滨为例分析城市森林生态服务在微观层面上的供给现状和存在的问题。

第四章 基于居民支付意愿的城市森林生态服务供给方式的理论分析。构建本文采用的居民支付意愿测量方法，分析城市森林生态服务的供给结构，并阐述市场化供给和自愿供给等两种非政府供给方式的内涵、作用机理及相互关系。

第五章 基于居民支付意愿的城市森林生态服务市场化供给方式研究。在哈尔滨市进行城市森林周边地区和远离城市森林地区的居民对参与城市森林生态服务供给的支付意愿调查的基础上，利用 SAS 统计分析软件进行描述性统计分析、属性分析和 Logistic 回归分析，找出影响居民参与的影响因素，并建立 Logistic 回归模型来预测不同收入的居民参与各种供给的概率。

第六章 基于居民支付意愿的城市森林生态服务自愿供给方式研究。抽样调查哈尔滨市和牡丹江市居民对于城市森林生态服务自愿供给的支付意愿情况，通过描述性统计分析、影响因素关联性分析和聚类分析，探讨居民对生态服务收费的态度、支付意愿情况及影响公众支付意愿的因素，在对参与居民进行聚类的基础上通过建立分类居民的 Logistic 回归模型来预测各类居民参与的情况。

第七章 居民参与城市森林生态服务非政府供给的行为模式研究。在系统认识“经济人”及人类经济活动的基础上，通过针对不同时间、不同环境下居民参与城市森林生态服务非政府供给情况的对比分析，探究居民参与的行为动因、类型及影响因素，分析居民各种参与行为发生的概率，得到相应的研究结论和建议。

第八章 城市森林生态服务非政府供给的保障机制研究。根据居民参与城市森林生态服务供给的行为模式研究结果，构建包括有关企事业单位绿化政策、市场化补偿政策、产权制度安排、居民自愿供给政策等方面的政策保障体系和城市森林监管信息系统开发的可行性分析、需求分析、系统设计等内容的技术保障体系，以此来保障城市森林生态服务的非政府供给。

1.6.2 研究的创新之处

（1）研究视角创新：目前城市森林生态服务仅局限于政府的供给方式，在政府财政资金不足的情况下，本文创新地提出以政府供给机制为基础，以市场供给和自愿供给为补充的城市森林生态服务供给模式。此外，目前还未见有居民参与城市森林生态服务供给方面的相关研究文献，本文创新地提出居民作为城市森林建设的受益主体，他们的积极参与对城市森林生态服务的多元化供给将发挥重要的作用。

（2）研究方法创新：我国在有关森林生态效益补偿问题的研究上还很少采用条件价值评估法开展受益居民或者部门的支付意愿情况的调查和研究。本文基于条件价值评估法开展居民参与城市森林生态服务供给的支付意愿调查分析，并进行关联性分析、属性数据分析、聚类分析、Logistic 回归分析等定量分析，从而更为全面地认识居民参与城市森林生态服务市场供给和自愿供给的行为，在此基础上提出的政策建议和制度安排也将更加切实可行。

（3）研究手段创新：通过抽样调查和访谈获得居民参与城市森林生态服务供给的真实意愿，利用 SAS 统计分析软件对居民的支付意愿调查数据进行分析，找出影响城市森林生态服务市场供给和自愿供给的影响因素，并应用行为经济学、经济社会学、公共物品等理论对城市森林生态服务供给机制进行更加客观、系统的分析研究。

2

相关理论基础

本文的理论框架是建立在环境经济学、生态经济学、城市生态学、市场经济学、行为经济学、新制度经济学、经济社会学等理论基础之上，具体涉及森林生态服务、公共服务市场化、供求机制、人类经济行为分析等内容。本章为本文的深入研究提供相应的理论支持。

2.1 森林生态服务理论

2.1.1 森林生态效益补偿理论

从经济学的角度看，生态效益补偿是防止生态资源配置扭曲和效率低下的一种经济手段，通过一定的政府或市场手段实行生态环境效益外部性内部化，让生态效益的消费者支付相应的费用，生态效益的生产者获得相应的报酬；通过制度设计解决好生态效益这一特殊公共产品消费中的"搭便车"现象，激励生态效益的足额提供；通过制度创新解决好生态投资者的合理回报，激励人们从事生态效益投资，并使生态资本增值（章锦河等，2005）。生态经济学更强调生态系统服务（生态资产存量增加及其外部性）的补偿。总之，生态效益补偿是一种用经济的手段达到激励人们对生态系统服务功能进行维护和保育，解决由于市场机制失灵造成的生态效益的外部性并保持社会发展的公平性，达到保护生态与环境效益的目标（李文华等，2006）。生态效益补偿分为广义和狭义两种。广义的生态效益补偿包括生态破坏的补偿和对生态功能的补偿；狭义的生态效益补偿，则专指对生态功能或生态价值的补偿。生态效益补偿，不单是为了控制生态破坏，而应该包括因对自然资源的使用而造成的生态功能丧失的恢复和补偿。

1997 年 Robert Costanza 等人在 Nature 上发表了《全球生态系统服务功能价值和自然资本》一文在世界范围引起巨大反响。Costanza 等人将全球生态系统类型划分发为：海洋、森林、草原、湿地、水面、荒漠、农田、城市等 16 大类 26 小类；生态系统服务功能划分为：气候调节、水调控、控制水土流失、物质循环、污染净化、娱乐、文化价值等 17 种功能。森林生态系统作为陆地最大的生态系统，能为人类提供涵养水源、保持水土、净化空气、防沙固土、保持生物多样性等多种生态服务。

森林生态服务的全称是森林生态系统的环境服务（Environmental services of the forest ecosystem），其供给方式会受到森林生态效益补偿机制的直接影响，制定合理的森林生态效益补偿机制是实现森林生态服务可持续供给的前提。森林生态效益补偿是指对森林生态效益的受益者征收补偿费，把补偿费再分配给森林资源所有者，通过提高其收益来激励有益行为的增加，从而达到保护和改善生态服务的目的。补偿的前提是对生态服务功能的价值进行评估。

2.1.2 生态服务功能价值的评估方法

生态服务功能是指生态系统与生态过程所形成及所维持的人类赖以生存的自然环境条件与效用，生态价值是通过生态服务功能而体现出来的对人类直接或间接的作用。很多人认为生态服务没有价值，从而导致在经济的快速发展过程中生态环境的恶化。生态服务的价值首先体现在它对人类的有用性，其价值大小则取决于它的稀缺性和开发利用条件，其中稀缺性通过供求关系而体现的。据中国有关专家的研究表明，森林的固碳释氧、涵养水源、防沙固土等生态效益占其总效益的 87%（唐建荣，2005）。

生态服务功能价值的评估方法主要包括以下 3 类技术：

（1）实际市场评估技术：主要包括费用支出法和市场价值法。费用支出法以消费者对某种生态服务功能的支出费用来表示其经济价值。市场价值法先定量地评价某种生态服务功能的效果，再根据这些效果的市场价格来评估其经济价值，它适合没有费用支出的但是有市场价格的生态服务功能的价值评估。

（2）替代市场评估技术：利用“替代市场”和“影子价格”来计

算公共商品的经济价值，其方法多种多样，主要包括替代成本法、生产成本法、恢复费用法、人力资本法、旅行费用法和享乐价值法等方法。

（3）模拟市场评估技术：模拟市场评估技术应用的比较多的是条件价值评估法，它通过调查来直接询问人们对某种生态系统服务的支付意愿或受偿意愿，以此来估计生态系统服务的经济价值。

此外，目前生态系统服务功能价值评估中存在一个误区，即对具体的生态系统或服务类型予以充分估价，而对生态系统服务本身的整体价值认识不清或重视不够。依据传统的系统学理论，生态系统的“整体大于部分之和”。各类生态系统服务功能的简单加和不能代表生态系统服务的总体价值，如何认定生态系统服务的整体价值成为正确估价的重要前提（彭建等，2005）。

2.1.3　条件价值评估法的内涵

支付意愿（Willingness to pay，简称 WTP）是指被调查者对使自己受益的没有市场交换和市场价格的公共商品的支付意向和愿望，支付意愿反映人们对商品价值的认定情况。通过调查问卷等方式直接询问个体对环境改善的最大支付意愿，在假设个体的选择是追求效用最大化原则的前提下，以货币的形式反映环境物品对消费者福利的影响，从而间接地反映该物品的实际价值，这就是条件价值评估法，也称为假设市场价值评估法（Contingent valuation method，简称 CVM）。条件价值评估法通过调查人们对环境变化的支付意愿和受偿意愿（Accepting to pay）来评价环境资源的价值或受损价值。在方法设计中直接调查人们对环境质量变化的支付意愿，建立支付意愿方程，根据方程求出环境质量某种变化的价值，支付意愿方程的一般公式：$W = W(q, IN, S)$，W 为消费者对环境质量从 q_0 变化到 q 的支付意愿；q 为变化后的环境质量水平；IN 为消费者收入水平，S 为一组代表消费者偏好的其他社会经济变量。条件价值评估法适用范围广，既适用于公共物品的变化，也适用于售给个人的商品和服务。不足之处是要求的数据多，需要花费大量的时间和费用，问卷的设计和解释的专业性都很强。价值的获得是依赖于人们的观点，而不是以人们的市场行为作依据（王寿兵等，2006）。

2.1.4　支付意愿的评估过程

WTP 在二进制模型中作为一个因变量，可以取两个值：表示事件

发生的概率和二选一的概率，例如：如果调查表涉及的变量年龄、收入，一般会构造一个调查模型，将被调查人的年龄、婚姻、受教育程度作为调查项目，设为 X。这样做的目的是为了量化个人的特征和被选择的概率的关系。在这种选择的方法中，被调查人的效用函数是 U，Y 是自变量收入，S 是条件，如公式（1）：

$$U\ (Y;\ S) \tag{1}$$

每个人通过支付一定数量的金钱，使森林资源持续存在，假设被调查人会接受森林的假定的存在价值，并且在下面的条件下达到最大。如果达到最大就接受，否则不接受。公式（2）中，U 代表间接效用，假设与公式（1）的效用相等，Y 代表收入，A 代表出价，S 代表社会经济学的特征对人的偏好的影响。$\varepsilon_0\varepsilon_1$ 代表相互独立的相同分布的零均值的随机变量。

$$U\ (1,\ Y-A;\ S)\ +\varepsilon_1 \geqslant U\ (0,\ Y;\ S)\ +\varepsilon_0 \tag{2}$$

效用函数的差额可以用公式（3）表示：

$$\Delta U = U\ (1,\ Y-A;\ S)\ -U\ (0,\ Y;\ S)\ +\ (\varepsilon_1-\varepsilon_0) \tag{3}$$

效用的微分近似值可以用于经验主义的分析，如公式（4）所示。

$$\Delta U = \alpha + \beta A + \gamma Y + \theta S \tag{4}$$

CVM 的选择是二进制的因变量，它需要一个有选择性质的模型，概率模型和 Logit 模型都是常用的模型。因为 Logit 模型计算相对简单些，因此选用它。被调查人所能接受出价的概率可以用下面的 Logit 模型，公式（5）。

$$P_i = F_\eta(\Delta U) = \frac{1}{1+\exp(\Delta U)} = \frac{1}{1+\exp\{-(\alpha+\beta A+\gamma Y+\theta S)\}} \tag{5}$$

公式（5）中：F 表示标准的逻辑变量，这次研究中还有一部分的社会经济学变量，$\gamma\theta$ 都是评估系数，假设 $<=0$，$\gamma>0$，$\theta>0$。

计算 WTP 有三种方法：第一种称为 WTP 的均值，它是在 $0\sim\infty$ 范围内计算 WTP 的期望值；第二种方法叫做 WTP 的总平均值，它是从 $-\infty\sim\infty$；第三种叫做去掉极端数值的 WTP 平均值，从 $0\sim A$ 范围取值来计算 WTP 的期望值。通常更愿意使用第三种方法，因为它不仅满足理论约束的一致性和统计学上的要求，而且还便于合计。因此，本次研究用第三种方法。Logit 模型是用最大似然法，一旦用这种方法估计，

WTP 的期望值从 0 ~ A 的最大值取值如公式（6）E（WTP）是 WTP 的期望值，α^* 是一个调整截距，它是被属于社会经济一项附加到 α 的初始截距项上［$\alpha^* = (\alpha + \gamma Y + \theta S)$］。Logit 模型可以用线性或对数的函数形式进行估值（Hamid Amirnejad 等，2006）。

$$E(WTP) = \int_0^{MaxA} F_\eta(\Delta U)\, dA = \int_0^{MaxA} \left(\frac{1}{1 + \exp\{-(\alpha^* + \beta A)\}} \right) dA \qquad (6)$$

2.1.5 森林生态服务市场化理论

目前森林生态服务市场主要体现在森林生态旅游、固碳、森林水文服务和生物多样性等 4 个方面。森林水文生态服务市场开发的实践模式主要包括公共支付体系、开放式的贸易体系和自发组织的私人贸易 3 种（张陆彪等，2004）。森林生态补偿市场化是市场经济体制的必然要求，应当考虑建立森林生态效益补偿交易市场，拓宽森林生态效益补偿的资金渠道，在财政补偿机制的基础上，逐步建立森林生态效益的市场补偿机制。市场应以利益方的积极性为基础，如何调动利益方的积极性是建立生态补偿市场的重要条件。生态补偿的市场化就是森林资源公共物品的外部性能通过私人部门自主协议等市场途径加以内化，其补偿过程就是生态产品市场供需均衡的结果（李文华等，2006）。森林生态服务市场化主要通过正确的价格信号在生态服务的提供者和受益者之间建立交易关系。如果有支持市场的制度，市场会引导人们运用其技能和资源从事更高效率的生产活动，可以说有效的制度对森林生态服务市场化的成功至关重要。森林生态效益补偿市场化有助于资源的有效配置，但它的实现受制于一些条件，如要求生态林有明确的权属、生态效益可准确计量、较低的交易成本等，即需要相对完善的市场基础设施来保证这种市场补偿方式的实现。这些条件的具备离不开相应制度的构建。

2.1.6 森林生态服务理论在本研究中的作用

城市森林生态服务的有效供给的基础是城市森林生态服务功能价值的实现，城市森林生态服务功能价值的实现前提是对城市森林生态服务功能价值的评估，为此，需要借鉴在森林生态效益价值评估中经常采用的方法和手段，最普遍应用的方法是条件价值评估法。通过应用条件价值评估法来调查城市森林周边地区受益居民的补偿意愿和远离城市森林的居民为改善居住环境的支付意愿，可以更有利于城市森林生态服务价值的实现。在森林生态服务功能价值评估的研究中存在一些误区，因此，在本研究中不仅要避开这些研究误区，而且要根据城市森林生态服务的特点创造性地应用价值评估方法。

森林生态效益补偿机制是实现城市森林生态服务市场化供给的前提，补偿标准是生态服务市场价格的基础，补偿范围决定市场范围。城市森林生态服务市场化供给需要参考目前的森林生态效益补偿方式、补偿标准、补偿范围、补偿对象等问题的解决方式和方法。

2.2 公共服务市场化理论

2.2.1 公共物品理论

公共物品包括公共产品与服务两个方面。公共物品作为一个经济学概念，按照萨缪尔森的描述，纯公共产品是指这样的产品：每个人消费这种产品不会导致他人对该产品消费的减少。纯公共物品具有以下 3 个基本特征：

（1）非排他性。由于效用无法分割而无法排除不交费者从公共物品中获得利益或经技术处置可具排他性，但因交易成本太高而导致经济上不可行，因此难以避免“搭便车”现象。

（2）非竞争性。指消费者的增加不引起生产成本的增加，即每一个消费者引起的边际生产成本和边际拥挤成本为零，即新进入的消费者并不降低原有消费者的消费水平，消费者之间并不存在此消彼长的争夺关系。

（3）外部经济性。外部性是一个经济行为主体的经济活动对另一主体的福利所产生的效应，但这种效应没有通过市场交易反映出来。外部性可以分为正外部性（外部经济性）和负外部性（外部不经济性）。外部经济性是一种可以使其他人无须付出代价便可获得经济活动所产生的收益。在这种经济活动中，由于产生外部经济的部门无法从其他部门获得报酬，因而会发生单个成本和社会成本的偏离，单个收益与社会收益的偏离，影响资源的有效配置，降低市场运行效率，导致市场失灵。现代经济理论认为，在纯粹公共物品供求中，市场机制由于不能解决外部经济产生的利益缺口，因而需要政府通过公共财政来解决。这方面典型的例子是国防和公共安全及全球性环境问题等。

公共物品包括纯粹公共物品和准公共物品，对其严格分类是进一步分析其有效供给的基础。在公共物品供给机制上，有公共部门供给和私人供给（也称为非政府供给）两种途径选择。其中，自愿供给作为公共物品非政府供给方式之一，存在必要性与可能性，因为通过谈判和约定，明确规则和提供必要的信息，使参与者认识到，只有通过充分的沟通来实现合作，他们才能够获得最大收益，在缺乏强制力进行监督的情况下，“搭便车”行为会破坏人们对合作的信任，最后导致约定的失效，因此，需要惩罚机制来杜绝“搭便车”行为的产生。通常使用谈判作为外部性内部化的制度手段，谈判的前提是存在可实施的产权，谈判具有一定的局限性，公共物品的“搭便车”问题通过谈判无法产生有效的结果。政府应建立并保持一种能够最大限度地利用交易行为的制度结构，能够明晰产权，负责开展环境监测，并提供这些监测信息。政府应为公众提供交易的优惠政策和个人信用体系的扶持（张耀辉，2006）。改善公共物品供给的方法是提高激励效果。无论是提高参与者的信任水平，还是制定参与规则和激励措施，都离不开政府公共部门的有效运作，从而保证公共物品供给的充分实现。公共服务的价值取向应该以公平为第一，兼顾效率。公平应体现在服务的稳定机制，效率则应体现为服务的发展机制。

2.2.2 市场化理论

市场化理论主要包括以下观点：

（1）市场是资源配置的基础，市场机制是以经济利益为动力，通过供求、价格和竞争来调节资源配置的一种经济运行机制。供求机制是调节市场供求矛盾，使之趋向平衡的市场运行的基本机制之一，供给是指生产者在某一时期内，愿意并且能够向市场提供的商品和服务的数量。影响需求的主要因素包括商品的价格、消费者收入水平、消费者的偏好（受社会传统、文化、习惯及消费时尚及广告宣传的影响）以及政府的消费政策等。影响供给的主要因素包括生产者的目标、商品本身的价格、政府政策、对未来的预期等（王利伟等，2003）。

（2）要培育市场主体，就需要保证市场主体具有自主性。市场经济的主体是产权明晰的组织和个人，包括企业和消费者，政府仅仅在公共产品和消费领域具有主体特征。市场主体在经济活动过程中，具有独立的意志，行为目标在于获得最大化的经济利益。企业作为最主要的市场主体，保障其自主性实现的基础是产权自主、经营自主和利益自主。没有这些自主性实现的基础，就不可能形成真正的市场，市场机制的运行也就失去了基础（吴强，2005）。

（3）市场是基于交换的，交换过程中要产生成本，真正的交易成本包括搜集市场信息的成本、缔约成本、监督成本和强制履行成本。由于交易双方拥有的信息不对称而导致市场经济运行效率下降。自科斯提出交易费用观念后，威廉姆逊教授对交易费用的决定和影响因素做了进一步分析，他区分了对交易费用具有决定性影响的 3 个要素：资产的专用性、不确定性和交易发生的频率。市场中的交易费用主要表现为信息获取成本、谈判签约、合同履行等费用，制度因素决定了交易成本的高低；在社会网络中的交易费用主要表现为维持网络存在而发生的仪式费用以及动力不足带来的损害。

（4）实现资源的高效率配置需要具备完全信息、完全竞争、完全理性的经济人、不存在外部性等条件，由于现实社会不具备这些条件，也就是说，使市场高效的完全竞争的环境并不存在，因而市场运行的效率大大降低甚至完全失效，即市场均衡并不能达到资源的最优配置，也就出现市场失灵现象。

（5）市场主要有两个问题：一是激励，二是约束。利益驱动力虽然是市场化的一个原动力，但是如果没有一定的制约机制，也会造成市场的无序和混乱。市场最重要的制约机制是产权。在市场中进行的交换的实质是产权的交换，因此需要明晰产权。通过明晰产权来明确受益主体，使得竞争主体的利益边界清楚，从而可以解决责任问题，并有利于经济主体激励机制与约束机制的建立。产权的两大功能，一是解决激励问题，二是当存在外部性时，产权可使外部性内在化。

（6）科斯（1960）认为，当各方能够无成本地讨价还价并对大家都有利时，无论产权是如何界定的，最终结果将是有效率的。因此在科斯市场有效的范围内，政府不必事必亲躬地加以干涉。但科斯定理的成立是有一定假设条件的，一是谈判的费用（交易成本）要较低，或为零。二是产权必须明确，而不管初始产权如何配置。三是外在性影响涉及的当事方数目较少，范围较小。而在实践中完全满足这些条件是比较困难的。第一，受自利行为的影响，谈判某一方往往不急于达成协议，而是设置一些障碍，以争取自己利润份额的最大化。第二，任何外在性影响，特别是生态环境的影响，所涉及的当事方过多，有些甚至是跨国的。第三，现实中的产权定义在理论上是明晰的，在实践中却常常是不明确的（温作民，1999）。

2.2.3 公共服务市场化理论

在竞争性领域，市场交易具有更高的效率和更低的交易成本。公共选择和市场交易虽然各有其适用范围，但是两者并非相互排斥的。公共服务市场化的基本理念是在公共服务领域引入竞争机制，实现公共服务的最佳供给和公共资源的有效配置。在公共服务领域引入市场竞争主体，缓解了政府公共财政压力，同时也改变了由于政府垄断造成提供公共物品质量差、效率低、资源浪费的局面。随着市场技术在各国的进一步成熟和完善，政府进行公共服务市场化改革在全球成为不可逆转的改革趋势（李艳波，2004）。

公共服务的多主体供给反映着社会的各种价值观，公共服务供给主体的多元化，其实质是对社会利益多元化的回应。市场化服务中，服务者的责任在于让利益相关者满意，这就从外部减少了公共服务的服务对象。公共服务的市场化提高了公共服务的效率，同时又保障了社会公众的利益。政府在公共服务中的作用在于制定基本框架和约束规则，针对服务者进行规约，各服务主体在公共服务基本框架下独立运行，合理权利不受干涉。制度设计上使公共服务需求者与供给者之间的影响力保持平衡，是保证公共政策合理与否的前提（刘静波，2006）。

市场化过程中，应注意市场条件和制度环境的差异，发达国家是在发育成熟的市场基础上，把市场机制引入环境领域的。我国还处于向市场经济转轨时期，市场运行机制在很多方面还不完备，存在缺欠，交易效率依赖于市场机制，在市场体制尚未完善的条件下实施排污权交易，其效果必将受到限制。另一值得关注的方面是否有健全的、可执行的法律制度，这是能否顺利交易的一个重要前提条件。我国环境执法系统一个突出的问题是没有足够的行政干预能力，不能达到利用市场机制来优化对生态服务的有效配置的目的（戴星翼等，2005）。

2.2.4　公共品供给机制

公共品供给机制是从供给主体和运行机理的角度抽象出的公共品供给模式。很多学者都认为，由于公共品具有消费的非排他性和非竞争性，非政府供给必定存在效率或福利损失，因此，必须由政府供给。奥尔森首次对公共品自愿供给理论进行了开创性的分析。公共品供给机制包括政府供给、市场供给和自愿供给等三种。某一公共品的供给方式不是一成不变的，相反，其供给机制的作用边界是在不断的变迁中。如将市场供给机制与自愿供给机制统称为非政府供给机制，则公共品供给机制的边界变迁主要表现为非政府供给转为政府供给和政府供给转为非政府供给两个方面。公共品供给机制作用边界是影响公共品供求的多种因素作用的结果。从供给角度看，公共品的性质特征、私人资本的规模影响供给方式的变迁，而技术创新又会改变公共品的自然特性，从而影响公共品的供给方式；从需求方面分析，公共品需求规模及偏好的多样性会影响公共品供给方式变迁。而政府职能理念、公平效率准则以及政府政策的导向也会对供给边界的变迁产生一定影响（樊丽明等，2006）。公共服务的市场机制是指政府为满足公众的需求，市场化服务的着眼点在于降低服务成本。由市场提供的这些服务之所以还称为公共服务，关键在于政府控制，但是这种控制不同于传统政府一家单独控制，是一种建立在合约之上的联合控制。这种控制的有效性取决于受政治影响的程度强弱，然而总体趋势是减弱。总之，公共服务的市场是一个不完全竞争的市场，公共服务的市场化供给需要政府的某种参与，政府对市场化供给主体的管理应建立动态的公共服务的调控体系，制定统一服务质量标准、统一市场准入标准、统一价格收费的基础，促进公共服务的生产者展开平等竞争。由于信息不对称，政府常常无法对市场进行有效监督，但是，通过完善监管信息系统，可以在一定程度上提高政府的有效监督水平。

2.2.5　公共服务市场化理论在本研究中的作用

城市森林生态服务的供给属于公共服务领域的范畴，要提高其供给水平，就必须提高激励效果，因此，需要政府公共部门制定企业与居民的参与规则和相应的激励措施。利用公共服务市场化理论指导城市森林生态服务的市场化运作。根据公共服务市场化研究成果，城市森林生态服务的市场化需要注意市场化条件和制度环境的约束，当存在约束条件的情况下，需要借助于政府的制度安排来提高参与者对合作的信任水平，降低交易成本，从而提高城市森林生态服务的有效配置水平。将公共物品供给机制的研究成果应用在城市森林生态服务多主体供给机制的建立，明确供给的作用边界及其变迁的条件以及政府的作用，并在此基础上指导供给政策的制定。

2.3　经济社会学理论基础

经济社会学就是在社会现象的大背景下运用社会学的理论和方法来研究经济行为、经济结构和经济体系的一门学科。个人的经济决策总是在与他人的联系之中作出的，其具体行动也总是在与他人的互动中展开，因而不可忽视社会关系网络对经济行动的影响。社会关系网络是人类发明的一种配置资源的重要机制，它不同于经济网络，但却为经济资源的配置提供管道，这一点被传统经济学所忽视。

2.3.1　有关社会资本的主要理论观点

2.3.1.1　社会资本是资本的三种基本形态之一

资本的三种基本形态是物质资本、人力资本和社会资本。与物质资本和人力资本相比，社会资本的特点是存储于人与人之间、无形的公共物品。社会资本是指行动者所拥有的社会关系网络及嵌入其中的情感、信任、规则等，社会网络有利于增进交易双方的彼此信任，从而降低了交易费用。美国社会学家普特南等（1995）把社会资本界定为规则、网络和信任。他认为，社会资本像物质资本、人力资本一样，是生产性的，在实现共同利益方面能够促进协调和合作，从而维持共同体的稳定和行动的相对一致性，进而提高共同体的行为效率。普特南等（1992）认为，在一个拥有丰富的社会资本的社会中，生活和工作会变得更加容易。在现代城市中，通过由居民自主形成的社会团体来建立居民参与的关系网络，在稳定和重复不断的交往中慢慢形成互惠交换的规范、普遍信任，进而提高社会资本存量。

2.3.1.2　社会资本既是一种资源，也是一种制约

总的来说，社会资本是一种存在于社会结构中的个人资源，它为结

构内的行动者提供便利的资源，包括规范、信任、公民参与和网络等形式。社会资本使民众参与变得更容易，能够使个人自愿地为组织或社区的公共物品供应做出贡献，导致合作的产生。规范对个人行动起着重要的约束作用，它通过相应的惩罚和奖励使个体为了公共利益而放弃自我利益，从而更有利于公共目标的实现，并构成了极其重要的社会资本。信任可以防止个人为追求个人利益而产生的机会主义。如果外部性不存在，个人追求私利时将实现社会的帕累托最优，如果存在外部性，社会资本的形成则有助于帕累托最优的实现。社会资本对可持续发展的贡献是直接和强大的，没有社会资本的支持，物质的财富是很难得到正确地利用（张其仔，2002）。

2.3.1.3 社会资本有助于精神健康

据研究发现，社会资本是一个复杂多元的结构，获得和提供服务既是精神健康的一种资产又是一种债务。对社会资本或其构成最有意义的评估是检查个人资产而不是占有社会资本即群体的财产，因此它是一个社会生态学变量。对社会资本服务研究的理论进一步将社会资本主要分为两类：第一类是一个群体中个人之间的社会资本，第二类是群体之间的社会资本。每一种类型的社会资本的构成涉及微观和宏观层面的认知结构。实证研究表明，有效的精神健康政策和相应服务的供给有助于加强第二类社会资本，并将从这两类社会资本中得到更多的利益（Astier M. Almedom，2005）。

2.3.2 社会资本对经济发展和参与行为的影响

2.3.2.1 社会资本对经济发展的影响

社会资本所涵盖的网络、合作、信任、参与等内容极大地影响着经济发展。为了研究信任、参与、人均 GDP 和 GDP 增长之间的关系，Schleifer 对由 27 个国家构成的样本数据进行分析发现，在人均 GDP 和信任水平之间存在着明显的正相关关系，中国是其中的一个例外，中国的信任水平很高，但收入水平却比较低，如果去除中国这个样本，则信任和人均 GDP 的之间的相关系数为 0.57。参与指标和收入水平呈现明显的正相关关系，瑞士是其中的一个例外，如果去除瑞士这个样本，参与指标和收入水平的相关系数为 0.63。该研究证明了社会资本是一种重要的生产要素的假设。

对一个国家或地区社会资本的测量主要有两种方法。第一种方法是一种基于人们彼此相互信任的度量。第二种方法是利用人们可观察的行为及市民参与等情况来实现对信任或社会资本的度量。为了测度人们对公共生活的参与度，可以由社区组织生活情况、公共事务的参与情况、社区志愿活动情况、非正式社交情况和信任情况等五个方面构成社会资本一级指标（朱国宏等，2005）。

2.3.2.2 社会资本对居民参与的影响

个人之间的社会关系网络的性质不同，会影响个人之间的信任水平。居民清楚自己的责任和义务将有助于发展人与人之间的普遍信任，这种普遍信任会降低交易成本。在自己做出贡献的同时也预期他人将作出相同的贡献。在相互熟悉、联系密切的社区符合“重复博弈”情境，合作会自然出现和维持。通过建立公民自主组成的环境保护社团，利用社团提供形成互惠规范的环境和行为信息，保证公民之间能够经常交往沟通，公民都会倾向于考虑长远利益，有助于人们选择合作伙伴。公共舆论的宣传和累计声誉信息的传播是在一个复杂的社会中建立普遍信任的基础。制度经济学往往将经济交易脱离于社会关系而忽略了普遍信任、期望的形成、规范的建立和实行对经济活动的重要性。受到历史和文化因素影响的信任起着促进集体行动和合作的作用，包括更高水平的公民参与和更高的政府效率。

关系网络有利于对不合作者实行更严重的惩罚和对合作者实行更高的酬劳，并对实施惩罚有重要的支持作用，可以将坐享其成转变为热情奉献。对于一个社会资本匮乏，从而合作能力较低的社会而言，清晰的产权是至关重要的。对于一个社会资本存量丰富、有较强合作能力的社会而言，不清晰的产权同样能带来效率，这缘于社会资本的引入，例如我国乡镇企业虽然产权模糊，却得以快速发展。

2.3.2.3 社会资本影响居民参与的实证研究

有关社会互动和信任对居民的影响更多地见于居民参与股市方面的研究，具体可以归纳为“社会互动论”和“信任论”。首先，“社会互动论”强调居民的股市参与受到他所在社会群体社会互动情况的影响，具体有两种作用渠道：单向互动和双向互动。前者指居民的股市参与受到他所选择的参考群体成员特征的影响，但是他的决策并不能反作用于参考群体成员特征；后者定义为居民参与股市受到参考群体成员同期行为的影响，而这种决策可能反作用于参考群体成员的行为（Manski 等，2000）。

许多森林生态系统既向当地的使用者提供诸如薪材等商品，又向外地的受益者提供诸如保护生物多样性和碳汇等服务。这需要有选择地对当地生态系统进行管理。2000 ~ 2002 年，Juan-Camilo Cardenas 等（2004）学者在哥伦比亚的几个农村地区进行了一系列经济实验。为了产生组织内的合作行为，实验特别强调了外部和自我管理规则，设计了两个外部管理和一个自我管理系统，令人惊讶的是，不论惩罚级别的大小，外部管理都能产生很相似的结果，而且它们产生了和那些自我管理十分相似的行为。实验的结果显示，个人并不完全符合传统的关于最小化的管制期望成本和过度利用资源以获得经济利益的预期，并且，人类能够根据非强制性的合作规则来制定行为准则。同样，与社会规范和对管制成本收益的主观评价相关的其它因素也会发生作用。

2.3.3 经济社会学理论在本研究中的作用

居民对城市森林生态服务的消费是一种生态消费行为，也是一种社会行为，不仅社会结构、文化和价值观影响居民对这种生态消费行为的需求和偏好，而且居民个体在亲戚、朋友、同事之间的沟通、交往和信任程度直接影响着其社会互动程度，进而影响其参与城市森林生态服务供给的程度。由于生态消费的公共物品特性和绿化建设资金短缺，所以，随着居民生活水平的提高和环保意识的增强以及 CO_2 等温室气体在大气中大量聚集而导致的全球气温变暖，迫切需要改变城市森林生态服务只由政府单一主体供给的局面。因此，需要借鉴经济社会学中有关消费行为和影响居民参与的社会互动论和信任论等研究成果来探求居民参与城市森林生态服务的市场化供给和自愿供给的途径和行为模式，从而有利于制定更加可行的全民参与城市绿化政策。

2.4 新制度经济学

当人们的行为选择受到规则（制度）约束时，人们的行动就较容易预见。信任以一种秩序为基础。而要维护这种秩序就要依靠各种限制不可预见性行为和机会主义行为的规则，即制度（柯武刚等，2000）。制度是指用以界定、规范和协调人们经济活动和经济关系的规则和规定，它包括正式制度和非正式制度两部分。正式制度是指由正式机构制定、实施并监督的一系列法规、政策和规则，如宪法、法令、产权、契约等；非正式制度是指非正式制度则是指在人们长期的社会交往中逐步形成并得到社会认可的对个人或组织产生约束和监督效力的价值观念、伦理规范、道德观念、风俗习惯等。正式制度安排是指国家正式机构所确立的包括宪法、成文法、正式合约等在内的一系列成文规则。非正式制度安排是指人类在长期交往中形成的价值观念、伦理规范、道德观念、风俗习惯、意识形态等方面的总和。其中意识形态占主导地位，它们对经济的发展产生着潜在的深层影响，可以"使其由个人意识转变为社会意识，有主观精神转变为客观精神，从而形成一定的社会文化环境"（洪银兴，2000）。非正式制度安排作为制度的三大构成要素之一，与人的动机和行为有着内在的联系，是影响市场秩序、制约经济发展的重要无形力量（任保平等，2006）。

2.4.1 新制度经济学的主要理论观点

新制度经济学主要研究既定需要和配置既定资源的条件，旨在为经济运行构建一个效率、公平权衡得当的、并为人们所接受的良好的运行框架。只有制度的供给能够满足人们对制度的需求，即正式制度与非正式制度具有相容性，实现了最佳的供给，才会产生较好的制度绩效，也就是说，一个社会的正式制度安排必须同这个社会的非正式制度相协调，才能获得良好的制度变迁成效。制度变迁具有很强的资源配置效应，改变了供给结构，打破了居民的消费集约束。一方面产权制度的变迁，使得市场主体多元化。另一方面，价格制度变迁使消费品价格的"刚性"特征消失，具有了充分弹性，价格作为重要的经济杠杆，引导产品结构、产业结构随着市场需求结构的变化而变化，改变了消费品的供给机制，产品供应极大丰富。正是制度变迁的资源配置效应在促进消费需求迅速增长的同时，还不同程度地限制了消费选择的自由，使消费者行为发生变异（罗利丽，2006）。

新制度经济学认为：制度因效率而存在。持效率观点的经济学家认为，某种经济制度之所以存在，是因为它能有效地降低人们的交易费用，形成互利的经济合作。这种观点在制度的演变问题上具有一些解释力，在某种程度上促进了交易，但不能完全认为是由于效率的缘故。进化的观点认为自然选择导致了制度的产生，制度一旦形成又会沿着既定的路径，在以后的发展中得到强化，这被称之为“路径依赖”（path dependence）。制度的路径依赖产生的前提是存在完全竞争的市场，而现实社会是不存在完全竞争的市场，路径依赖只是提供了一种制度的运行轨迹。在很多时候，人们无法判断一种新的制度安排是否具有效率，但是一旦这种制度安排被固定下来，配套的设施、培训、组织安排等措施会使它变得越来越为人们所接受，也就是说制度的自我增强机制会使其变得有效而得以巩固。从制度本身来看，制度供给是一个设计、学习和实施的过程，并滞后于制度需求。一旦人们对制度有新的需求，原有的制度就出现了不均衡。制度的路径依赖性说明制度往往很难跳出以往的影响，有沿着以往制度走下去的惯性，所以最初的制度总是不可能很好地满足人们对制度的需求。同时，新制度的实施，常常要投入许多费用，包括生产费用和交易费用，高额的费用也使制度供给不力（张俊清等，2007）。

诺斯在理论上说明了非正式制度对于实际的制度变迁过程具有重要影响，实际制度变迁过程总是正式制度变化与非正式制度变化的统一和互动过程。从长期来说，有关个人行为的非正式制度决定着正式制度的演变。如果人们对制度变迁过程具有认同感，人们就愿意参与，并可以暂时放弃个人利益。非正式制度作为正式制度的补充发挥作用，非正式制度的改变比正式制度缓慢得多，因为意识形态和社会文化传统的形成是千百年来正式制度作用的结果（王跃生，2005）。

产权并非物质对象，它明确了一些在社会中受到广泛尊重的权利和义务。产权最重要的权能是占有权、使用权、处置权和收益权，明晰所有权是产权制度的基础，放活经营权是产权制度的关键，落实处置权是产权制度的手段，保障收益权是产权制度的目标。制度供给的目的是为了实现制度预期目标，如果制度供给产生的制度结果与制度预期目标不一致，就意味着有效制度供给不足。只有建立有效的产权制度结构，才能形成一个有效率的产权制度安排，促进经济发展。

2.4.2 新制度经济学在本研究中的作用

当社会经济的发展使得生态服务的需求和供给产生矛盾，从而使其变成一种稀缺品时，亟需增加对生态服务的有效供给，但是由于它具有公共服务的性质，在产权上具有非排他性，无法在一定价格上进行交易，因而对提供生态服务的利益主体产生了对生态服务补偿的制度需求。有效的制度安排能够通过利益分配机制调整行为主体的行为，规定经济收益权、生态收益权、社会收益权在企业和居民之间的分配，提高企业和居民参与城市森林生态服务供给的积极性。城市森林生态服务作为一种稀缺资源，由于缺少有效的市场，其价格已经偏离了稀缺性资源的价格，需要政府的有效干预，但是生态环境的保护是要牺牲当前的消费，而人又具有注重于当前消费的偏好。因此，政府的干预会由于低效率和高成本而出现失灵的情况。目前，城市森林生态服务仅靠政府供给已无法满足居民的需求，而作为补充形式的市场化供给和自愿供给都离不开相应的正式制度安排和非正式制度安排，例如通过提供相应的居民个人投资城市森林建设的产权制度安排和自愿参与供给的非正式制度安排，来激励居民参与城市森林生态服务的供给。此外，居民的生态消费观作为一种重要的非正式制度对城市森林生态服务市场的形成也会产生重要的影响。因此，本研究需要利用新制度经济学相关理论，指导具体的城市森林生态服务市场化供给和自愿供给制度的建立。

2.5 行为经济学

行为经济学是一门与心理学有机结合、通过可控实验、调查等方式考察人们在不完全理性的市场中参加各种经济活动时的行为模式，分析影响行为的内外部因素，理解及解释经济现象，并提出自己理论的现代经济学学科。行为经济学真正的理论来源是心理学的一个分支——认知心理学。行为经济学承认人的行为动机是多元的，主要是四对元动机状态：有目的和超越目的；顺从和逆反；控制与同情；自我中心与他人取向。

行为经济学旨在透过人们在各种经济活动中的行为现象，解释经济活动的本质，具有如下特性和性质：

（1）借助与人性密切相关的心理学，研究人的经济行为。

（2）借助心理学分析方法，为理性的经济分析提供被忽视已久的心理基石，还原人性中某些非理性的本质，以便更准确地把握经济现象。

（3）有效借助于可控实验、调查等自然科学和社会学研究方法，通过分析实验数据进而得出结论或检验并修正先前理论，从而更好地理解人的心理及行为模式。

2.5.1 行为经济学的理论分析框架

行为经济学属于现代经济学，为现代经济学提供了一种研究经济行为和现象的分析方法和框架。作为理论分析框架它由视角（Perspective）、参照系（Reference）和分析工具（Analytical tools）等三部分组成。视角就是看问题的角度或出发点。行为经济学的视角是人并非完全理性和自私的，人的决策不仅受到客观因素影响，还要受到他的心理因素影响。参照系能够提供一个相互比较标准地理解现实的指标。行为经济学常用的分析工具是数学模型和图像模型，也借助于计量和统计检验。

行为经济学对于人的行为的把握基本上就是按照以下这个流程进行的：①描述行为，即通过观察获得精确数据；②解释行为，即用潜在的原因解释多种行为，总的来说，解释行为的原因包括内因和外因，内因在心理学中称作机体变量，人类的机体变量则称为禀赋变量，外因被称为环境变量或者情境变量；③预测行为；④控制行为，如果对行为原因的解释能够成为控制该行为的条件，那么，这个解释就会具有说服力。

2.5.2 行为经济学的主要理论观点

2.5.2.1 期望效用理论和前景理论

在西方经济学中，效用是指商品满足人的欲望的能力，即消费者在消费商品时所感受到的满意程度。20 世纪 40 年代，Von Neumann 和 Morgenstern 创立的期望效用理论开始在经济学的风险决策行为分析中得到广泛应用。人们在对未来进行决策时依据的是自己对未来效用的预期，也就是期望效用。Matthew Rabin（2000）在其论文《风险回避和预期效用理论：一种度量法则》中提出：人们的偏好具有“风险厌恶”的基本特性。在期望效用的理论框架中，对风险厌恶的唯一解释就是风险厌恶源于货币边际效用递减。但是期望效用理论在对小风险的厌恶和大风险的厌恶间的关系上做了错误的预测，因为人们对大风险和小风险厌恶的程度是不一样的。卡尼曼和特维斯基完全放弃了经典期望效用理论框架，直接从解释行为的角度出发，利用实验结论及有效的分析，发展了“前景理论”。期望效用理论描绘了理性行为的特征，而前景理论则描述了实际行为。前景理论主要有以下 4 点结论：

（1）人们不仅看中财富的绝对量，更看重的是财富的变化量。例如：与投资总量相比，投资者更加关注的是投资的盈利或亏损的数量。

（2）人们面临条件相当的损失前景时更加倾向于冒险赌博（风险偏好），而面临条件相当的盈利前景时更倾向于确定性盈利（风险规避）。

（3）一定量的财富减少带来的痛苦与等量的财富增加给人带来的快乐不相等，前者大于后者。

（4）前期决策的实际结果影响后期对风险的态度和决策，前期赢利可以使人的风险偏好增强，还可以平滑后期的损失；而前期的损失将会加剧以后亏损的痛苦，风险厌恶程度也相应提高。对于投资者来说，投资者从现在的盈利或损失中获得的效用依赖于前期的投资结果。

2.5.2.2　风险性选择的价值函数和效用函数

前景理论改变了人们用期望效用函数模型来进行决策分析的传统做法，极大地丰富了风险决策理论，它表明经济学正向着更准确地描述风险条件下的个人行为迈出了重要的一步。事实上，人们在对事物进行分析判断时，常会选取一个标准作为参照依据，因而会由于选取不同的参照系将影响人们的判断和选择，卡尼曼和特维斯基（1979）提出的前景理论认为：人们在进行有风险性的选择时，通过一个价值函数来进行价值评估。该函数具有三个重要的性质：①参照依赖：实际情况与参照水平之间的相对价值差异比实际情况的绝对价值更重要。人们在不同参照系下的选择行为和结果可能会大相径庭。②损失厌恶：等量的损失比等量的获得在人们的感觉上产生更大的影响，因此人们在做出决策时普遍存在对损失的厌恶，损失一般是指那些用于使用的物品的减少。③敏感度递减：获得或者损失的边际价值将随其不断增大而减少，人们面临“收获”时往往总是小心谨慎、厌恶风险，但面临“损失”时却常常容易冒险。

1992 年卡尼曼和特维斯基又提出了“积累性预期理论”，改善了原来的单一权重函数，引入了两种概率加权函数：获得时的概率加权函数 w^{+}（p）和损失时的概率加权函数 w^{-}（p），克服了前景理论中的某些不足。

传统的效用函数表示个人的效用依赖于他所消费的商品和获得服务的数量，即 $u=u$（x，y，$x\cdots$），在个人消费和获得服务的时候，由于参照水平的不同会影响其最终效用，因此，效用函数也同样受参照水平 r 变量的影响，其效用函数应为 $u=u$（x_r，y_r，x_r，$\cdots$）。

为了将个人经历和社会影响引入到经济学分析中，行为经济学家们提出了“个人资本（Personal capital）”和“社会资本（Social capital）”的概念。一般用 P 表示个人资本，包括有关影响当前和将来效用的过去消费和其他个人经历；用 S 表示社会资本，包括社交网络和控制体系中的同辈人和其他人活动的影响。个人的扩展效用函数为：$u=u$（x_t，y_t，p_t，s_t），其中，x，y 为两种不同的商品。个人的扩展效用函数不仅取决于所消费的不同商品，而且还取决于他当时的个人资本和社会资本存量。该函数本身独立于时间之外的，但随着时间的变化，它是消费商品和资本存量的稳定函数，但是由于现在的选择会影响将来的个人资本和社会资本水平，使其效用水平会随着资本存量的变化而发生变化。改变资本存量，进而其效用水平也随之改变。

2.5.2.3　锚定心理和心理账户

无论一件事是否真的与决策有关，一般都倾向于把它看作自己做决定的一个参照依据。行为学家把这样的一种心理称作“锚定心理”。人们在进行选择时具有的参照依赖性就是以这种心理为基础的。锚定心理是导致认知出现偏差的一个重要因素。由于锚定的参照点不同，锚定心理还会影响人们选择的偏好。锚定心理，一方面从心理学角度揭露了人类在认识和判断事物时的一般趋势，为参照系理论提供了心理学理论基础；另一方面，由锚定心理确定的参照系改变了传统价值的判定标准。马克思主义政治经济学中用社会必要劳动时间来衡量价值，而传统的西方经济学则运用期望效用值来确定人们对未来风险行为的判断，二者均采用“一点定价”的估计方法。而锚定心理则采用将抽象价值锚定在具体价值这个不确定的参照系上，并由参照点和取值点之间的相对位置差异，通过价值函数作用得出对价值的判断。这种创新的价值确定方法解决了个性化价值的定位问题。

通常人们的心理账户可以分为三种形式：最小账户、与当前有关的账户和综合账户。使用最小账户的时候，需要在两种选择中找出它们的区别；与当前有关帐户则要根据当时当地的经济环境建立参照系和考虑经济行为的结果；综合性账户则指的是能够划分为几个具体部分的账户（Daniel Kahneman 等，1984），人们有时候会下意识地把每笔钱都归入到某些账户，而由此导致经济行为结果发生变化，这些抽象的、存在于人们心理的账户就是心理账户。这些抽象的、理性人常用一种非理性的态度看待事物，这种态度让相同数额的钱在同一个消费者的心理上却有不同的份量，而且，这种不理性的心理可能要影响到决策，常常导致非理性的行为。所有的经济事务或交易都是在一定的环境下发生的，而当时当地的环境，很有可能对交易的结果产生重大的影响。心理账户可以将其具体分类到各明细账户，而不同的划分方法也造成了同一选择对人们不同的吸引力（董志勇，2005）。

2.5.3 行为经济学理论在本研究中的作用

在传统经济学的分析框架下，经济活动的参与者被认为是完全理性的“经济人”，即在不同的行动方案中通过精确的计算来选择合适的行动方案以实现经济利益最大化。虽然经济学家运用数学工具精确地描述人的行为，但是这种关于人的行为的简化模型并不符合现实经济活动中人的行为规律。不仅法律法规、政策等正式制度对人类的行为产生约束作用，而且传统观念、风俗习惯等非制度因素同样影响人们的行为。为此，通过利用行为经济学提供的研究经济行为和现象的分析方法及框架，能够更好地理解居民参与城市森林生态服务自愿供给的行为动机和心理活动，在此基础上，根据居民的参与行为模式制定不同的参与政策，并通过舆论宣传和个人信用体系的建立，促使居民选择的参照系发生变化，以及利用行为经济学的心里账户观点来培养居民设立生态产品账户的意识，从而引导更多的居民参与到城市森林生态服务自愿供给的行列中。

2.6　本章小结

本章有重点地介绍了本研究所涉及的森林生态服务、公共服务市场化、经济社会学、制度经济学、行为经济学等理论基础，并阐述了相关理论在本研究中的作用。由于森林生态服务属于一种公共服务，在介绍森林生态效益补偿理论、生态服务功能价值的评估方法及其常用的条件价值评估法的内涵和特点、森林生态服务市场化等森林生态服务理论的基础上，阐述了公共服务、市场经济、公共服务市场化、公共品供给机制等公共服务市场化理论。城市森林生态服务供给包括非政府供给，而非政府供给的经济决策不是孤立做出的，他所在的社会关系网络影响着其经济行动，为此，需要了解社会资本的内涵及特点、经济社会学的基本观点、有关消费行为的主要观点及社会资本对参与行为影响的实证研究等经济社会学理论内容。城市森林生态服务供给研究涉及到制度安排和在经济活动中人的行为规律等内容，为此，需要应用制度经济学的主要理论观点和行为经济学的前景理论、风险性选择的价值函数和效用函数、锚定心理和心理账户等主要研究成果。

3

城市森林生态服务供给的现状及环境分析

3.1 我国城市森林生态服务的总体供给现状及问题分析

城市绿化建设包括公共绿地、居住区绿地、防护绿地、生产绿地和风景林地等类型。城市绿化对调节气候、保持水土、减少污染、美化环境，促进经济社会发展和提高人民生活质量起了重要作用，但总的看来，存在绿化建设资金短缺，城市绿化面积总量不足，发展不平衡、绿化水平和居民参与水平都比较低等问题。我国城市的平均绿化覆盖率为17%，绿化覆盖率达20%的城市只有89座，不足全国城市总数的15%，迄今尚无一座城市的绿化覆盖率达50%。

3.1.1 城市森林的定义和特点

城市的生态环境质量可以由空气质量、绿化面积、环境卫生等指标来衡量，而城市森林建设是改善城市空气质量和加强城市绿化的有效途径。城市森林是指包括城市行道树、隔离带、单位和居住区绿化在内的城市及相邻地区以木本植物为主体的植被及其所在的环境构成的森林群落生态系统。狭义上讲，城市地域内以林木为主的各种片林、林带、散生树木等绿地构成了城市森林主体，包括生态风景林、水源涵养林、护路林、防风固沙林等类型；广义上讲，城市森林是以各种林地为主体，同时包括城市水域、草地、苗圃等多种成分，与城市景观建设、公园管理、城市规划相关的一系列街区林分的集合。本文中出现的成片森林及城郊森林是指狭义的城市森林。城市森林以城市为载体，以森林植被为主体，以城市绿化、美化和生态化为目的，以人为本，将森林景观与人文景观有机结合，从而改善城市生态环境，加快城市生态化进程，促进城市、城市居民及自然环境间的和谐发展（中国城市森林论坛组委会，2005）。

城市森林无论在组成上还是在功能上都具有不同于一般森林类型的特点，具体如下：

（1）城市森林为城市高密度人口提供环境服务，满足城市环境和居民的多功能需求。根据城市污染的不同类型和程度建设相匹配的城市森林，同时要满足居民获得清新空气、良好的休憩场所和自然景观效果等需求。

（2）城市森林分布在人类活动最为频繁的地域，受人为因素影响最大。具体表现在人工雕琢的痕迹多、人工植被比重大、引进的外来物种较多、生物多样性相对较低。

（3）城市森林受外界不利环境影响大。具体表现为要承受城市的 SO_2 等大气污染物、重金属污染和土壤板结等导致的土壤污染、工业生产产生的水体污染、酸雨以及城市燥热等特殊环境所造成的压力。

（4）城市森林的维护费用相对较高。由于人工林比例大，尤其是为了保持一些景观视觉效果而需要的特殊管护、病虫害防治以及因影响交通、电力、建筑而进行的额外修建管护等工作，都需要较长时间的人工维护，因而带来了较高的人工维护费用。

3.1.2 城市森林生态服务的内涵

城市森林生态服务的全称是城市森林生态系统的环境服务（Environmental services of the urban forest ecosystem）。城市森林能提供生态服务是由于森林具有净化大气、改善城市小气候、降温增湿、减少因建筑物密集而导致城市气温上升的“热岛效应”、固碳、降低噪声等生态功能，其中，净化大气功能具体包括释放 O_2、滞尘、吸收有害物质和杀菌等作用。有关研究表明，当一个城市人均森林面积达到 $60m^2$ 以上，其城市污染就能够得到净化。如果以成年人每天需消耗 0.75kg O_2，排出 0.9kg CO_2 计，对于 1 个城市居民来说，平均 $10m^2$ 的森林或 50 m^2 以上的草坪，就能得到足够的 O_2 供应，并清除呼出的 CO_2（彭建等，2005）。城市森林具有的生态功能相当于为城市居民提供了相应的生态环境服务，由于这种生态服务具有外部经济性，所以把城市森林作为生态公益林进行建设。城市森林作为城市生态系统的自然子系统，在保护人体健康、调节生态平衡、改善环境质量、美化景观等方面具有其他城市基础设施不可替代的重要作用，也是衡量城市可持续发展水平和文明程度的重要标志。现在我国的许多城市居民，既是生态环境恶化的受害者，同时又因其生产和生活方式而进一步破坏生态环境。

自然生态系统具有多种生态服务功能，对生态系统服务功能价值进行评价可以提高全社会对保护自然生态系统重要意义的认识，是运用经济手段保护生态系统的需要，也是建立综合的经济与资源环境核算体系的需要（武立磊，2007）。城市森林生态服务的价值，对于居民个体来说，由于在消费上不具有竞争性以及排他性，不可以直接进入市场，如：非拥挤情况下的景观价值，森林对周边地区的净化空气作用等。森林周边的居住区要比远离森林的居住区的空气质量更高、拥有更舒适的游憩场所、房地产更易增值，因此，对于居住区来说，城市森林生态服务具有较弱的排他性。

城市森林的生态效益具有价值和使用价值，为城市居民的生存提供所需要的生态服务，但由于城市森林所提供的生态服务具有正外部性和非排他性，城市森林所提供的生态服务不能进入市场，不能像有形商品那样进行等价交换，一般来说，应由政府供给。虽然城市森林建设是城市绿化的一种有效方式，但由于具体的城市森林数据无法获得，因此以城市绿化统计数据作为城市森林生态服务供给的依据。

3.1.3　我国城市森林生态服务供给现状

2003 年末，我国全部地级城市建成区绿化覆盖面积 71.3 万 hm^2，比上年增长 18%，增长率上升 4.3 个百分点，建成区绿化覆盖率由上年的 30.4% 上升到 32.5%，地级城市人均公共绿地面积 5.3m^2，低于同期全国城市人均公共绿地面积 6.5m^2。2001 年国务院下达《关于加强城市绿化建设的通知》，5 年过去，中国很多城市还没有达到规定指标的要求，具体表现为：城市内部区域之间绿地分布不平衡，城市中心区和老城区绿地数量不足；全国仍有 76 个城市人均公共绿地不足 3m^2，其中 36 个城市绿化覆盖率不足 10%。全国绿化委员会办公室 2006 年发布的《2005 年中国国土绿化状况公报》显示，全国城市建成区的绿化覆盖率由1981年的10.1%提高到31.66%，人均公共绿地面积从1981年的2.3m^{2}提高到7.39 m^2，分别比“九五”末增长3.51个百分点和3.7m^2。我国1990～2005年城市人口密度及绿化基本情况如表3-1所示。其中，城市园林绿地面积指报告期末用作园林和绿化的各种绿地面积，包括公共绿地、居住区绿地、单位附属绿地、防护绿地、生产绿地、道路绿地和风景林地面积；公共绿地指向公众开放的市级、区级、居住区级各类公园、街旁游园，包括其范围内的水域。我国2001～2006年环境污染治理投资总额和园林绿化投资总额及其占国内生产总值比重情况如表3-2所示。

表3-1　我国城市人口密度及绿化基本情况

Table 3-1　Urban Population Density and Greening in China

年　份	园林绿化（亿元）	城市人口密度（人/km^2）	园林绿地面积（万hm^2）	全国人均公共绿地面积（m^2）
1990		279	47.5	1.8
1995		322	67.8	2.5
2000	143.2	442	86.5	3.7
2001	163.2	588	94.7	4.6
2002	239.5	754	107.2	5.4
2003	321.9	847	121.2	6.5
2004	359.5	865	132.2	7.4
2005	411.3	870	146.8	7.9
2006	429	2238	132.1	8.3

数据来源：根据《中国统计年鉴》2003、2005、2006、2007年数据整理。

3.1.4　居民参与城市森林生态服务供给的现状

为加强对全民义务植树运动的组织领导，1982年2月，国务院决定成立中央绿化委员会，1988年改称全国绿化委员会。设全国绿化委员会办公室作为全国绿化委员会的常设办事机构，承担着全民义务植树和国土绿化的宏观指导、宣传发动、组织协调、督促检查和评比表彰等日常工作。1991～2000年义务植树率情况如表3-3所示。2007年3月

表 3-2　我国环境污染治理投资主要指标情况

Table 3-2　The Main Indicators of Environmental pollution Control Status in China

环境投资指标	2001	2002	2003	2004	2005	2006
环境污染治理投资总额（亿元）	1 106.6	1 367.2	1 627.7	1 909.8	2 388	2 566
环境污染治理投资总额占国内生产总值比重（%）	1.01	1.14	1.20	1.19	1.30	1.22
园林绿化投资总额（亿元）	163.2	239.5	321.9	359.5	411.3	429
园林绿化投资占国内生产总值比重（%）	0.15	0.20	0.24	0.22	0.22	0.20

数据来源：根据《中国统计年鉴》2006、2007 年数据计算。

12 日是全国第 29 个植树节，也是我国已开展全民义务植树运动的第 26 年，虽然公民履行义务植树的尽责率不断提高，但是到 2006 年全民义务植树尽责率仅为 55%。

表 3-3　1991～2000 年全民义务植树率情况

Table 3-3　All People Voluntary Forestation Ratio from 1991 to 2000

年　份	参加人数（亿人）	全国总人口（亿人）	义务植树尽责率
1991	5.000	11.582	43.17%
1992	5.000	11.717	42.67%
1993	5.000	11.852	42.19%
1994	4.928	11.985	41.12%
1995	5.214	12.112	43.05%
1996	5.352	12.239	43.73%
1997	5.423	12.363	43.86%
1998	5.643	12.476	45.23%
1999	5.865	12.579	46.63%
2000	5.587	12.674	44.08%

数据来源：全国绿化委员会统计数据

由于城市居民区可用于绿化的土地非常有限，因而屋顶绿化是居民参与城市绿化的一个有效方式。据科学测定，一个城市如果把屋顶都利用起来进行绿化，那么这个城市中的 CO_2 较之没有绿化前要低 85%。对于大多数都市来说，屋顶至今还是被人们所忽视的、待开发的一块处女地，虽然每幢楼房的屋顶面积十分有限，但成千上万座高楼大厦的面积相加起来，就是一个十分可观的数字。有人估计，一座城市的屋顶面积大约为居住区的1/5。在过去几十年里，绿色屋面系统在国外逐渐受到很大的关注。由于屋面材料及技术方面的进步，如今，屋顶花园计划已经可以成功地在大部分气候条件下实施。绿色屋顶花园不仅增加了视觉上的美学效果，为都市的居民在紧张的工作之余提供一个休息和消除疲劳的舒适场所，同时对于一个城市来说，它更是保护生态、调节小气候、净化空气、遮荫覆盖、降低室温的一项重要措施，也是美化城市，增添景观的一个好办法。屋顶种植物还可以起到调节利用雨水等作用。从社会效益来说，屋顶花园有利于减轻城市热岛效应，也是不占用土地而改善城市环境的最佳方法；对住宅来说，屋顶花园更利于顶层住宅的冬暖夏凉，提高居住的舒适度。我国成都等城市采用蓄水覆土种植技术开展屋顶花园工程建设较多。

3.1.5　我国城市森林生态服务供给存在问题分析

通过对我国城市森林生态服务供给现状的分析，发现存在以下问题：

（1）改善环境的资金投入偏重于污染治理。目前的环境污染治理措施比较注重控制污染源，运用这种直接减排的“节流”手段同时也会对经济的发展起着抑制的作用。在现有的污染治理条件下，城市经济的发展更加需要“开源”手段，即大力开展城市森林建设，使城市森林在改善城市环境方面发挥更加重要的作用。表3-2数据表明，环境污染治理投资总额占国内生产总值比重由2001年的1.01%上升到2005年的1.30%，比重涨幅为0.29%；而园林绿化投资总额的绝对数虽然持续增长，但是园林绿化投资占国内生产总值比重由2001年的0.15%上升到2005年的0.22%，比重涨幅为0.07%，仅为环境污染治理所占比重增幅的1/4。2006年环境污染治理投资总额及园林绿化投资总额占国内生产总值比重都在下降，前者下降0.08%，后者下降0.02%。

（2）虽然从国务院到地方政府都对城市绿化工作作出明文规定，

鼓励社会单位和个人采取多种绿化形式，但事实上，由于缺少相应有效的激励和检查督促措施，多数居民区、单位的绿化率没有达到规定要求。虽然在法律上明确了公民具有义务植树的责任，但是居民参与城市绿化的程度仍然很低，主要原因是缺乏有效的组织。

（3）城市绿化管理机构条块分割，缺少统一协调。涉及城市绿化管理工作的部门有城市园林管理处、城市绿化管理办公室、城市林业局、街道办事处。城市绿化管理办公室原是为了更好地协调各部门工作而设置的，但目前基本上只进行城市绿化数据统计方面的一些事务性工作。开展小区绿化和全民义务植树工作需要在各街道办事处的具体组织下进行，而这些工作却都划分给园林部门，事实上园林部门只进行树种的选择和具体实施指导工作，导致呈现居民参与度低、参与渠道少的局面。目前，北京将市园林局和市林业局合并为园林绿化局，对市区内和市郊的绿化工作进行统一规划。

（4）虽然对城市新建、扩建、改建工程项目和开发住宅区项目要求其基本建设投资中应当包括配套的绿化建设投资，事实上很多项目只是象征性地进行局部表面绿化，并未在规定的期限内完成绿化任务。市区内的成片森林、小区绿化由于缺少资金投入，多年来停滞不前，而且养护管理资金严重不足，缺少后续养护工作，有一部分上报的绿地已经荒芜，实际城市绿化覆盖率和人均公共绿地面积要低于统计数据。

（5）由于居住小区绿地紧张，生态绿化建设应以乔木为主，林木郁蔽以形成森林小环境，在林下留出足够的空间，来安排健身、休闲设施，成为居民纳凉休闲娱乐的场所。但是有些城市在水资源和绿化用地紧张的情况下，投入大量资金用于草坪修整，结果事倍功半。

（6）虽然从城市绿化角度考察绿化达标率较高的地段，其绿化效果好，但从城市森林生态系统角度考察，森林质量一般都不高，城市森林化程度也有待提高。因为城市森林的衡量指标主要采用林木覆盖率指标，林木覆盖率是指城镇林木的树冠投影面积与城镇用地面积之比，可能大于或小于城市绿化覆盖率，它反映了城镇树木的数量。

（7）城市绿地植物在环境污染条件下生长一般易感病虫害，特别在植物初期（5 年内）抗污能力差，属病虫害多发期。城市绿化建设经常关心 3 个指标：绿化覆盖率、绿地率和人均绿地占有率。核心是绿化用地面积，但在城市人口密集，建筑密度大、生态问题突出的现实情况下，树木截干，成片空地树木也被截冠修剪，不能有杂草的草坪，盆景式绿化导致高额的建设成本和维护费用，而且经常发生病虫害。

3.2 黑龙江省城市森林生态服务的需求环境和供给基础分析

3.2.1 黑龙江省城市森林生态服务的需求环境分析

本研究的实证分析立足于黑龙江省，因此，需要介绍一下黑龙江省城市的基本状况。黑龙江省城市从业人员就业结构、城市人民生活基本情况分别如表3-4、表3-5所示。

表3-4 2005年黑龙江省城市从业人员就业结构

Table 3-4 Employment Structure of Urban Employees of Heilongjiang Province in 2005

地 名	第一产业从业人员比重（%）	第二产业从业人员比重（%）	第三产业从业人员比重（%）
黑龙江省	15.470 3	41.574 7	42.955
哈尔滨市	5.158 9	48.226 6	46.614 5
齐齐哈尔市	19.402	34.512 7	46.085 4
鸡西市	23.836	42.633 8	33.530 2
鹤岗市	28.984 9	45.344	25.671 1
双鸭山市	9.103	53.355 5	37.541 5
大庆市	1.806 2	54.929 9	43.263 9
伊春市	49.550 4	32.104 3	18.345 3
佳木斯市	19.39	26.677 4	53.932 6
七台河市	4.222 6	72.616 8	23.160 6
牡丹江市	21.669 1	32.942 9	45.388
黑河市	49.259 3	12.037	38.703 7
绥化市	6.782 4	25.232 1	67.985 5

数据来源：2006年城市统计年鉴

为了更直观地比较黑龙江省各城市居民人均可支配收入情况和恩格

尔系数情况，根据表3-5分别绘制居民人均可支配收入柱形图和恩格尔系数柱形图（统计年鉴缺少黑河市数据，绘制的示意图未列该城市），具体如图3-1、图3-2所示。由示意图看出黑龙江省各城市在从业人员就业结构、居民人均可支配收入、恩格尔系数等方面存在较大差异。大庆市的居民人均可支配收入最高、恩格尔系数最低，绥化市居民人均可支配收入最低，佳木斯市恩格尔系数最高。黑龙江省城市居民人均可支配收入排在前三位的城市是大庆市、哈尔滨市和牡丹江市，人均收入最低的城市是绥化市，其他城市在6 225～6 590元之间。大庆市的公共财政资金较充足，能够在城市绿化方面保证投入，居民小区绿化得较好，因此，该市的城市森林生态服务的政府供给基本上能满足居民的生态需要。由于城市森林生态服务的市场化供给和自愿供给的前提条件是政府财政投入不足和居民较高的可支配收入，因此，实证分析选择的是哈尔滨和牡丹江这两座大中型城市。

表3-5　2004年黑龙江省城市人民生活基本情况

Table 3-5　Heilongjiang Urban Residents' Living Level in 2004

城市名称	居民人均可支配收入（元）	恩格尔系数
哈尔滨市	8 940	38.9
齐齐哈尔市	6 373	36
鸡西市	6 590	33.9
鹤岗市	6 532	35.6
双鸭山市	6 403	33.8
大庆市	12 324	27.8
伊春市	6 463	35.8
佳木斯市	6 225	40.9
七台河市	6 403	35.2
牡丹江市	6 647	39.7
黑河市	—	—
绥化市	5 154	36.2

数据来源：2005年黑龙江统计年鉴

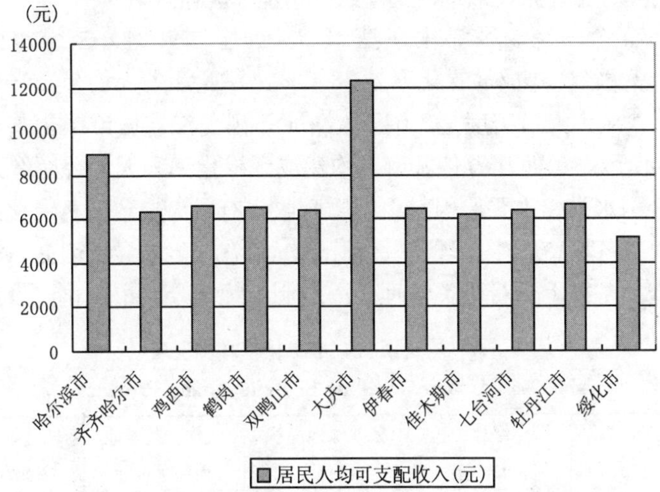

图 3-1　黑龙江省各城市居民人均可支配收入柱形图

Fig. 3-1　Bar Diagram for Heilongjiang Urban Residents' Per Capita Disposable Income

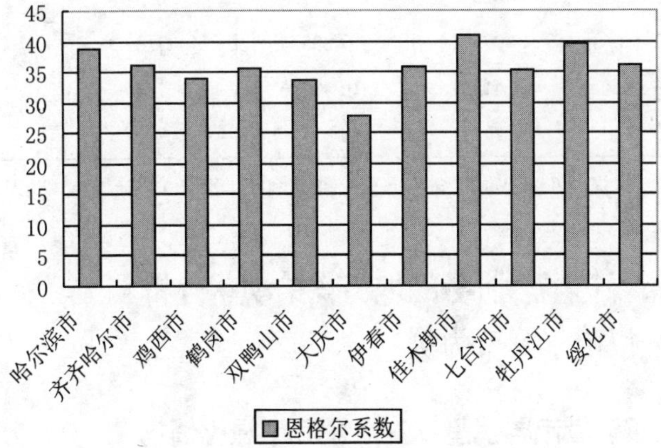

图 3-2　黑龙江省各城市居民恩格尔系数柱形图

Fig. 3-2　Bar Diagram of Engel's Coefficient for Heilongjiang Urban Residents

3.2.2 黑龙江省城市森林生态服务的供给基础分析

2006 年全国建成区绿化率是 35.1%，全国人均公园绿地面积是 8.3m^2，黑龙江省建成区绿化率是 28.7%，黑龙江省人均公园绿地面积是 7.7m^2，城市人口密度是 3 647 人/km^2。黑龙江省城市绿化基本情况如表 3-6 所示。黑龙江省各城市平均建成区绿化率和人均公园绿地面积都低于全国水平，主要原因是由于财政收入有限而导致园林绿化费投入不足，而且各城市的生态环境及绿化状况存在明显差异，因此，需要在实证调查的基础上进行分类管理，因地制宜地指导城市绿化建设。

表 3-6 黑龙江省城市绿化基本情况表

Table 3-6 Urban Greening in Heilongjiang Province

年 份	人口（万人）	园林绿地面积（hm^2）	公共绿地面积（hm^2）	人均公共绿地面积（m^2）	城镇居民家庭恩格尔系数
1990	3 543	17 252	—	3.8	51.1
1995	3 701	30 682	9 152	6.0	48.2
2000	3807	33 768	—	5.4	38.4
2002	3 813	36 476	8 241	6.1	35.5
2003	3 815	38 023	8 997.4	6.5	35.6
2004	3 816.8	49 073.1	9 838.3	7.01	35.4
2005	3 820	51 415.2	10 432.6	7.36	33.5
2006	3 823	36 771	10 055	7.7	33.3

数据来源：根据《2006 年城市统计年鉴》和《2007 年黑龙江统计年鉴》整理。

3.3 城市森林生态服务的地方供给现状分析——以哈尔滨市为例

3.3.1 哈尔滨城市居民基本生活及城市绿化情况

哈尔滨城市人口密度 2002 年为 1 878 人/km^2，2006 年为11 961人/km^2。1999 年人均公共绿地面积 3.6m^2，2006 年人均公共绿地面积达到 6.7m^2。哈尔滨市 2004 ~ 2006 年主要经济指标如表 3-7 所示。2000 ~ 2005 年哈尔滨市城市绿化及居民生活基本情况如表 3-8 所示。从表 3-7、

表3-8可以发现，哈尔滨财政收入增加的同时，公共绿地面积、建成区绿化覆盖率、人均公共绿地面积也同时在增加，城镇居民家庭恩格尔系数下降幅度较大。

表3-7　哈尔滨市2004～2006年主要经济指标

Table 3-7　Major Economic Indicators for Harbin from 2004 to 2006

年　份	地区总人口（万人）	地区生产总值（亿元）	工业总产值（亿元）	地方财政预算内收入（亿元）	城乡居民储蓄年末余额（亿元）	在岗职工人数（万人）	在岗职工年工资总额（万元）	在岗职工人均月工资（元）
2004	970	1 680. 5	88. 6	95. 6	1 261. 2	160. 13	2 238 777	1 165. 1
2005	974. 8	1 830. 5	119. 7	98. 1	1 461. 5	147. 63	2 431 270	1 372. 4
2006	980. 4	2 094. 1	589. 5	118. 3	1 563. 8	148. 49	2 703 576	1 547. 1

数据来源：根据2005、2006年《中国统计年鉴》和2007年《黑龙江统计年鉴》数据整理。

表3-8　2000～2005年哈尔滨市城市绿化及居民生活基本情况统计表

Table 3-8　Statistics on Harbin Urban Greening and People's Living Level from 2004 to 2005

年　份	公共绿地面积（hm^2）	建成区绿化覆盖率（%）	人均公共绿地面积（m^2）	人均可支配收入（元）	城镇单位职工年平均工资（元/人）	城镇居民家庭恩格尔系数
2000	1 278	35. 4	4. 6	5 632	6 975	43. 1
2001	1 327. 3	31. 7	4. 7	6 407. 3	7 989	41
2002	1 408. 7	29. 4	4. 8	7 003. 8	8 981	39
2003	1 823	31. 7	5. 9	7 907	10 175	38. 8
2004	2 195	26. 7	6. 2	8 940	13 928	38. 9
2005	2 525	27. 5	7. 1	10 064. 8	16 469	34. 4

数据来源：根据《哈尔滨统计年鉴（2006）》的数据整理。

为了更直观地描述2000～2005年哈尔滨公共绿地面积和哈尔滨建成区绿化覆盖率以及人均公共绿地面积变化情况，根据表3-8绘制出相应变化图（见图3-3和图3-4）。从图中可以看出，2002年以后公共绿地面积增长很快，建成区绿化覆盖率总体呈现下降趋势，人均公共绿地面积增长较慢。

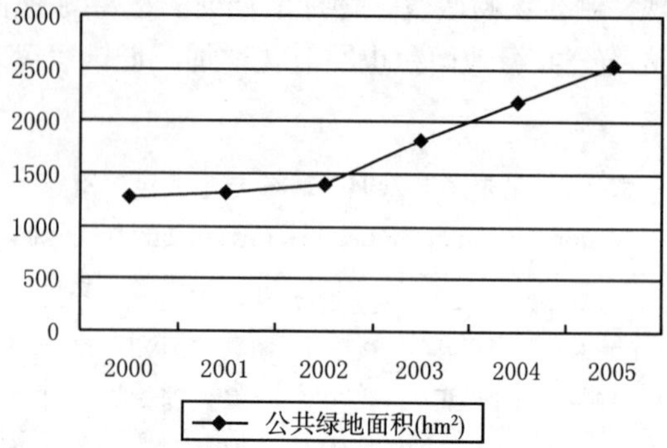

图 3-3　2000～2005 年哈尔滨公共绿地面积变化示意图

Fig. 3-3　Schematic Diagram on Changing in Harbin Public Green Land Area from 2000 to 2005

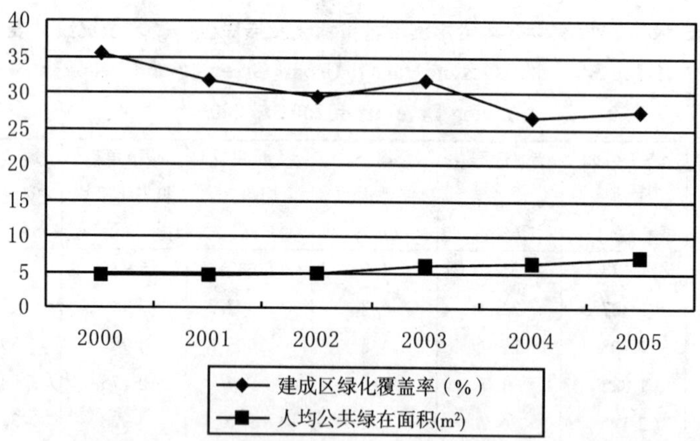

图 3-4　2000～2005 年哈尔滨建成区绿化覆盖率和人均公共绿地面积变化示意图

Fig. 3-4　Schematic Diagram on Changing in Greening Rate and Area of Per Capita Public Green Land of Harbin from 2000 to 2005

3.3.2　哈尔滨城市环境质量基本情况

哈尔滨市 2000～2005 年环境质量基本情况如表 3-9 所示。为了更好地反映 2000～2005 年哈尔滨市空气质量，根据表 3-9 绘制可吸入颗粒物、SO_2、NO_2 年平均值及降尘变化趋势示意图（见图3-5 和图3-6）。

表3-9 2000～2005 年哈尔滨环境质量情况

Table 3-9 Environmental Quality of Harbin from 2000 to 2005

年 份	可吸入颗粒物年均值（mg/m³）	SO_2 年均值（mg/m³）	NO_2 年均值（mg/m³）	降尘（t/km²·月）
2000	0.146	0.03	0.04	17.02
2001	0.135	0.04	0.05	13.89
2002	0.132	0.04	0.05	13.62
2003	0.121	0.042	0.065	13.48
2004	0.113	0.042	0.06	13.8
2005	0.104	0.042	0.057	12.74

数据来源：根据《哈尔滨统计年鉴（2006）》的数据整理。

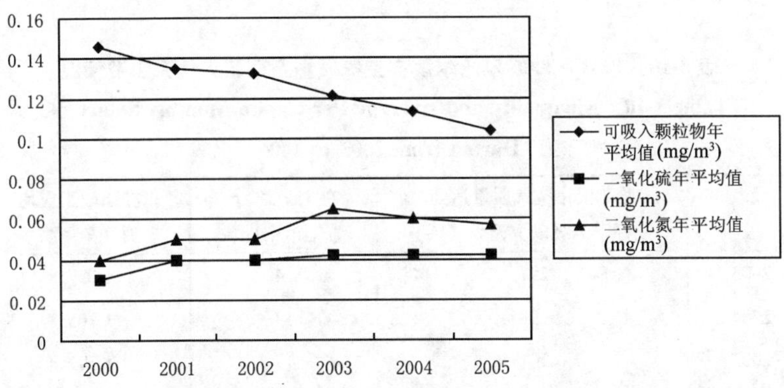

图3-5 2000～2005 年哈尔滨可吸入颗粒物、SO_2 及 NO_2 年均值变化示意图

Fig. 3-5 Schematic Diagram on Changing in Annual Average Value of Inhalable Particles, SO_2 and NO_2 of Harbin from 2000 to 2005

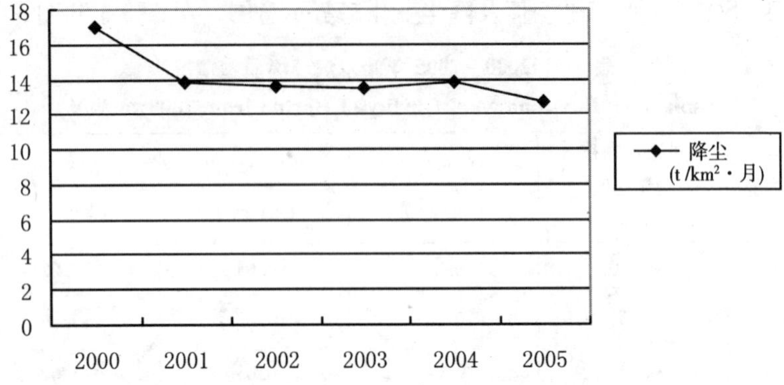

图 3-6　2000 ~ 2005 年哈尔滨降尘变化示意图

Fig. 3-6　Schematic Diagram on Dust Changing in Harbin from 2000 to 2005

哈尔滨市 2003 年 ~ 2006 年的空气质量达到及好于二级以上天数、在 31 个省会直辖市中排名以及在岗职工人均月工资情况如表 3-10 所示。

表 3-10　2003 ~ 2006 年哈尔滨市空气质量及职工人均月工资情况

Table 3-10　Air quality and Average Per Capita Monthly Salary of Harbin from 2003 to 2006

年　份	哈尔滨市空气质量达到及好于二级以上天数（天）	在 31 个省会直辖市中排名	在岗职工人均月工资（元）
2003	297	14	1 037. 8
2004	298	17	1 165. 1
2005	301	17	1 372. 4
2006	308	15	1 547. 1

数据来源：根据 2004 年 ~ 2006 年《中国统计年鉴》整理。

3. 3. 3　哈尔滨城市森林生态服务供给存在的问题分析

（1）2006 年哈尔滨建成区绿化覆盖率 28. 9%，而国家园林城市的建成区绿化覆盖率要求在 35% 以上。近 3 年来虽然哈尔滨市空气质量达到及好于二级以上天数（天）略有提高，但在在 31 个省会直辖市中排名却在下降。主要原因是城市园林绿化投资不足，哈尔滨人均地方财政收入只有1 006元（见附录1），在35个省会城市和计划单列市中排28名，有限的财政收入必然会影响城市园林绿化投资。

（2）哈尔滨市除了少数封闭小区通过居民缴纳较高的物业费来保证小区绿化以外，一般居民区庭院绿化用地少，住宅之间、住宅旁的绿化少，很多单位庭院、居住区的绿化达标率不高；2000年哈尔滨市企事业单位的绿地率是23%，7个行政区的居住区绿地率是13%，国家园林城市的居住区绿地率是30%。

（3）道路绿化结构比较简单，树种单一，多数街道绿化树种是缺少景观效果的生长快的杨树，少数景观街道种植松柏树。街头中心花园面积及数量较少，不能满足居民的日常休闲锻炼需要。

3.4 影响我国城市森林生态服务供给的环境因素分析

我国城市森林生态服务的供给状况不仅受限于园林绿化费的投入情况，而且还直接受到城市大气质量状况、国家和地方有关城市森林建设的规定情况和城市森林生态系统服务功能价值评价方法的影响。

3.4.1 城市化进程与大气质量的关系

城市化进程的快速推进是现代市场经济发展的客观要求。1800年世界城市人口约占总人口的2.4%，1900年时增加到13.3%，2000年为47%，预计2025年城市人口比例将达到62.5%（刘耀彬等，2005）。2000年发达国家的平均城市化水平为75%，我国2000年按照人口计算的城市化率达到了36.09%，2005年人口城市化率已达到43%。据估计，2010年城市化水平将达到50%。虽然我国城市化率远远低于发达国家，但我国城市人口增长的速度要比发达国家更快。

在宏观水平上，城市化与经济发展之间具有正相关关系，经济发展水平越高，城市化水平越高，1981年，Renaud（1981）在对111个国家进行分析后发现：当人均GNP从250美元增加到1 500美元时，一个国家人口的城市化水平一般会从25%上升到50%，当人均GNP为5 000美元时，城市化水平会上升到75%以上。针对发达国家的发展情况进行的研究表明，人均收入的变化影响着城市大气质量，人均收入与城市SO_2浓度、人均CO_2排放量和城市空气颗粒物浓度（见图3-7）。当人均收入达到 1 000 美元时，城市 SO_2 浓度约为 47 ~ 48mg/m^3，人均 CO_2 排放量约 0.4t，城市空气颗粒物浓度约为 1 000mg/m^3（Braaden R. Allenby，2005）。

《2005 年中国环境状况公报》显示，我国城市空气质量污染状况仍然十分严重。到 2005 年底，全国空气质量达标城市仅占 51.9%；污染物排放量总量仍然持续上升，其中，SO_2 排放量为 2 549.3 万 t，比上年增加 13.1%；烟尘排放量为 1 182.5 万 t，比上年增加 8.0%；工业粉尘排放量为 911.2 万 t，比上年增加 0.7%。此外，我国南北方空气质量也有所区别，北方城市由于冬春季节取暖造成烟尘污染较重，大气污染要比南方重。

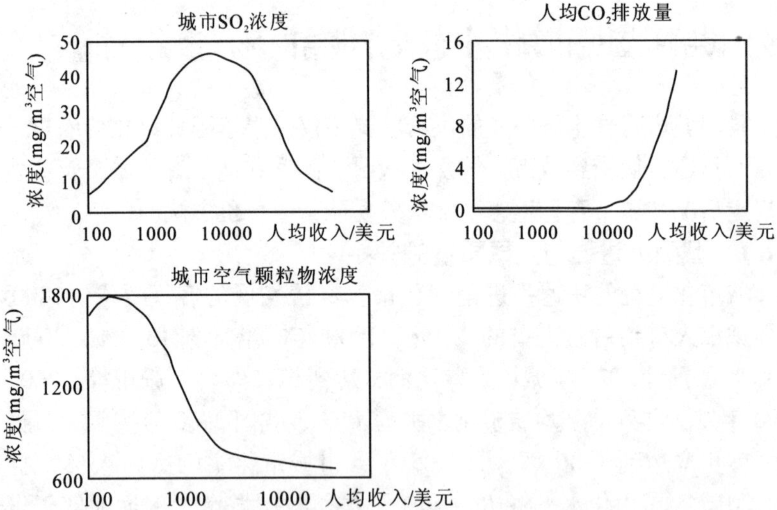

图 3-7　人均收入的变化与城市大气质量的关系示意图

Fig. 3-7　Schematic Diagram on Relationship between Per Capita Income and Urban Air Quality

3.4.2　国家和地方有关城市森林建设的规定

1993 年国家建设部根据国务院《城市绿化条例》制定了《城市绿化建设指标》，规定在人均建筑用地小于 75m^2 的地区，城市绿化覆盖率与城市绿地率在 2010 年不得低于 35%，其中，城市绿化覆盖率

(%)是指建成区绿化覆盖面积与建成区面积的比值，绿化覆盖面积是城镇以各种乔木、灌木、草本植物覆盖为主要特征的成片土地面积，建成区面积指市政区范围内经过征用的土地和实际建设发展起来的非农业生产建设地段。《国家园林城市标准》提出居住区绿地率要达到30%以上，道路绿化长度普及率在95%以上。

1981年12月13日通过了《关于开展全民义务植树运动的决议》，规定“因地制宜每人每年义务植树3~5棵，或者完成相应劳动量的育苗、管护和其他绿化任务。”1982年国务院通过了具体实施办法，从此，全民义务植树运动作为一项法律开始在全国实施。

2001年《国务院关于加强城市绿化建设的通知》规定：“城市绿化是城市重要的基础设施，是城市现代化建设的重要内容，是改善生态环境和提高广大人民群众生活质量的公益事业。到2005年，全国城市规划建成区绿地率达到30%以上，绿化覆盖率达到35%以上，人均公共绿地面积达到8m^{2}以上，城市中心区人均公共绿地达到4m^{2}以上；到2010年，城市规划建成区绿地率达到35%以上，绿化覆盖率达到40%以上，人均公共绿地面积达到10m^{2}以上，城市中心区人均公共绿地达到6m^{2}以上”。从目前的城市绿化工作进展情况看，到2010年绿化目标难以实现。

有些城市颁布《城市园林绿化建设管理条例》实施细则，对城市建设项目的绿地指标做出明确规定，例如郑州市规定：新建居住区(含居住区、小区、组团，下同)绿地率不低于30%，单位庭院绿地率不低于30%，其中学校、医院、休(疗)养院(所)、机关团体、公共文化设施、部队等单位不低于35%，鼓励社会单位和个人采取多种绿化形式进行城市绿化，除平面绿化外，还可以采用垂直绿化、屋顶绿化等多种形式绿化。

3.4.3 城市森林生态服务的价值计量分析

城市森林生态服务价值的实现，首先需要评估其生态服务价值大小，然后通过制度干预而得以间接实现。在城市中，森林最重要的生态服务功能是提供净化大气的服务，下面就以森林净化大气能力计量研究为例来分析城市森林生态系统服务功能价值的计量情况。

3.4.3.1 森林净化大气能力计量研究的现状

国内对森林净化能力的研究正从定性逐渐走向定量，对森林生态效益系统地研究是从1990年“森林综合效益计量评价学术研讨会”开始的。对森林净化大气效益的估算一般采用市场价值法来衡量，我国对森林净化大气效益估算方法的研究不多，主要有以下3种：

(1) 郎奎建等（2000）的生态效益计量研究给出森林释放 O_2 的物理计量公式为：

$$H = 0.45 \times 1.3 \times 1.2 \times P = 0.702 \times P$$

其中：H——每生长一立方米木材释放 O_2 物理量（t/m^3）；

P——林分材积生长率。

森林释放 O_2 的效益公式为：$OV = H \times V \times Pr$

其中：OV——森林释放 O_2 的效益（元）；

V——森林生长量（m^3）；

Pr——工业生产 O_2 的价格（元/t）。

由于不同树种的林分材积生长率存在差别，因此本文认为，需要分别计量，加以改进的公式应为：$H_i = 0.702 \times P_i$

其中：H_i——树种 i 的每生长一立方米木材释放 O_2 物理量（t/m^3）；

P_i——树种 i 的林分材积生长率。

按此公式可以计算出释放 O_2 的效益公式为：

$$OV = \sum (H_i \times V_i) \times Pr$$

其中：V_i——城市森林中树种 i 的生长量（m^3）；

Pr——工业生产 O_2 的价格（元/t）。

(2) 根据肖寒等（2000）的研究，森林净化空气的基础数据如表3-11所示。表中的数据表明：针叶林和阔叶林在制氧、吸收 SO_2、滞尘能力方面存在较大差别，由于 SO_2 在有害气体中数量最多，分布最广，危害较大，因此用吸收 SO_2 的能力替代吸收硫化物、氮化物、卤素等有害物质能力。

(3) 森林净化大气和维持大气平衡的巨大作用主要体现在森林中绿色植物每年排放出大量的 O_2（其他杀菌作用等尚未计量）。利用光合作用反应式，测定计算得出每生产一吨干物质可释放1 393～1 429kg O_2，再通过各主要森林类型年生长量换算得出各森林类型每公顷释放 O_2 量，然后以工业制氧出厂价格换算，应用公式：

$$OV = M \times d \times p \times (1 + C) \times K$$

式中：OV——森林排氧效益经济评价值；

M——现有森林生长量；

d——木材绝干重；

p——工业制氧价；

C——根、枝年生长量占木材年生长量比值；

K——生产一吨干物质释放氧量。

表 3-11　森林净化空气的基础数据

Table 3-11　Data on Air Purified by Forest

净化类别	针叶林净化能力	阔叶林净化能力	效益公式	备　注
制氧（$t/hm^2 \cdot a$）	240	157	$OV = \sum O_i \times P$	$\sum O_i$ 为每年制造 O_2 的总量，P 为工业生产 O_2 的价格
吸收 SO_2（$kg/hm^{-2} \cdot a$）	215.6	144	$SV = \sum S_i \times F$	$\sum S_i$ 为每年吸收 SO_2 的总量，F 为削减 1t SO_2 的投资成本
滞尘（t/hm^2）	33.2	10.11	$DV = \sum D_i \times F$	$\sum D_i$ 为每年滞尘的总量，F 为削减粉尘的费用

3.4.3.2　现有的森林净化能力计量方法及生态效益价值评估中存在的问题

对城市森林生态效益计量研究方面，按照现有的计量方法和手段，对某区域森林的主导生态效益的经济价值进行计量将会产生较大的误差，例如，森林净化空气的生态效益计量研究就存在以下问题：

（1）通常只对森林释放 O_2 的效益进行计量，较少考虑森林的滞尘作用、吸收有毒物质作用和杀菌作用这三方面的效益，计量结果在很大程度上削弱了森林净化大气所提供的实际生态服务功能价值，即使全面考虑，一般也只是估算，没有考虑到针叶林和阔叶林在制氧、吸收 SO_2、滞尘能力等方面存在较大的误差。此外，根据鲁敏等（2002）的研究，不同树种对大气有害物质的吸收量有明显的差异。

（2）凭经验估算森林生长量，没有考虑到区域因素及林分类型、龄组和郁闭度因素的影响，这将产生一定的误差。

（3）在森林净化能力计量研究中都没有考虑净化大气作用大小与森林净化源距离的关系。在城市中，与森林净化源距离不同，空气质量存在明显的差异，而且区域经济发展水平存在较大的差异。因此，如果根据森林净化空气产生的生态效益价值计量结果而提出的经济补偿额度将难以令人信服（李英等，2005）。

关于补偿标准的确定，国内的研究主要把补偿标准与森林生态效益的价值核算问题紧密联系在一起，它为进一步开展森林生态效益补偿的研究奠定了基础。尽管如此，我国在森林生态效益价值评估中还存在以下问题：

（1）我国的森林生态效益价值评估理论与方法尚仍处于探索阶段，还没有建立一个公认的、完善的核算方法体系，缺乏标准化，无法进行对比。

（2）很多价值核算多是直接利用国外的定价或方法，与我国社会经济现状脱节，还有些研究在生态服务的价值估计方面将存量（现值）与流量（多年来生态服务的累计）混淆，选用不恰当的替代成本法、用累计流量或用落后技术所花费的成本来评估生态服务的价值是不合理的。

（3）森林的生态效益折算成货币时，其数额十分巨大，远远超过了政府和受益者的实际支付能力，因而导致政府和受益者的补偿意愿和能力不足。

总之，由于存在对森林生态服务价值的评价结果可信度低与价值实现的可操作性差等缺陷，所以，价值的评价结果难以取得学术界、管理决策部门和公众的认同，因而也很难为管理与决策部门所应用。在这种情况下，如果具备居民产生城市森林生态服务需求的环境条件，那么，居民的积极参与将成为城市森林生态服务价值得以实现的基础。

3.5 本章小结

目前我国城市空气污染较重，亟需加强城市绿化建设，而城市森林建设是城市绿化建设的有效方式和途径。本章首先在阐述城市森林及其城市森林生态服务的内涵和特点的基础上，分析城市森林生态服务的供给现状及居民参与城市森林生态服务供给的现状，指出我国城市森林生态服务供给中存在的问题，然后以黑龙江省及哈尔滨市为例分析了地方城市森林生态服务供给中存在的问题，最后分析影响城市森林生态服务供给的环境，即城市化进程与大气质量的关系、国家及地方有关城市森林建设的规定和城市森林生态服务及其价值计量方法，指出城市森林生态服务价值计量方法及其森林生态效益价值评估中存在的问题。

4 基于居民支付意愿的城市森林生态服务供给方式的理论分析

4.1 居民支付意愿测量方法

4.1.1 描述性分析、关联性分析及聚类分析方法

4.1.1.1 描述性统计分析方法

描述性统计分析主要进行频数统计、平均值及标准差计算，频数统计是用来考察样本中各项目取值的分布情况，均值和标准差分别是用来度量各项目取值的平均值和分散性。

4.1.1.2 关联性统计分析方法

在描述性统计分析的基础上进行影响因素关联性分析。影响因素关联性分析包括以下四个步骤：第一，确定被影响因素和可能的影响因素；第二，建立由被影响因素和影响因素形成的列联表；第三，根据每张列联表的单元观测数据形成一个数据集；第四，对数据集进行关联性的χ^2 检验、Mentel-Haenszel 检验法和关联性度量。对于有序变量，研究者更关心有序变量之间是否存在有序关联性，采用 Mentel-Haenszel 检验法在发现有序关联方面将比χ^2 检验法要敏感。变量间有序关联性的指标采用 Spearman Correlation 衡量。对于没有等级水平的变量，由于没有“标称-次序”型数据的测量，只好降级为“标称-标称”型数据的测量，采用克莱姆的 V 系数衡量（曲庆云等，2005）。

Spearman 等级相关分析是先分别给 X，Y 编秩，然后计算对应 X，Y 的秩次的差 d，最后计算等级相关系数，计算公式为：

$$r = 1 - \frac{6\sum d^2}{n(n^2 - 1)} \quad (-1 \leqslant r \leqslant 1) \tag{1}$$

通过相关系数大小及“相关系数是0”假设的概率值，来判断变量间的相关性。在显著水平 $\alpha = 0.05$ 情况下，当概率值 $p > 0.05$ 或相关系数 r 等于或接近0时，说明变量间无相关性。克莱姆 V 系数测量则是用 V 系数大小反映样本的相关系数大小，并用“行变量与列变量相互独立”假设下，由皮尔逊卡方和自由度计算出的概率值来确定推论到整体的情况。

4.1.1.3 聚类分析方法

聚类分析用于研究对事物类别尚不清楚，甚至事物总共可能有几类都不能确定的情况下进行事物分类的场合。聚类分析可以对样品进行聚类解决研究对象的分类问题，称为Q型聚类；也可以对观察指标进行聚类，解决观察指标的聚类问题，称为R型聚类。

本文根据要解决的问题对样本进行Q型聚类，并采用样品聚类的CLUSTER过程。采用CLUSTER过程实现样品聚类分析的思想是：开始将样品各自看成一类，然后将距离最近的两类合并，并计算新类与其他类的距离，再按最小距离合并，每次缩小一类直至所有样品都成为一类，则聚类过程停止（黄燕等，2006）。

4.1.2 Logistic回归分析方法

通过影响因素分析方法确定有关联性的变量，当因变量不是连续变化的，只取有限个值来表示它的特性时，一个重要的统计指标是 Y 取某个特定值的概率，它需要一个有选择性质的模型，离散选择模型描述了决策者在不同的可供选择的选项之间所做出的选择。离散选择模型通常都是在决策者效用最大化行为的假设下推导出来的。到目前为止，使用的最简单并且最为广泛的离散选择模型是Logit模型（聂冲等，2005）。由于选择概率的取值范围是（0，1），需要对概率 p_i 作一个变换 $f(p_i)$，变换 f 的目的是将变量变化范围由（0，1）变到整个数轴（$-\infty$，$+\infty$），这时 $f(p_i)$ 就可以表示为自变量 χ_1，χ_2，…的线性函数了。统计中一个常用的变换就是Logit变换。Logistic回归分析是通过对属性（categorical）变量建立logistic回归模型进行的。表示为 $Logit(P) = \ln(P/(1-P)) = \beta_0 + \beta_1\chi_1 + \cdots + \beta_m\chi_m$。当因变量只取表示发生与否的0，1两个值时，称为两值的logistic回归模型，拟合的任务就是建立这一事件发生的频率依赖于自变量的关系式；当因变量有3个或3个以上类别（等级）时，称为多项logistic回归模型。本文采取的是因变量为有序变量的多项Logistic回归模型，计算概率的方法是：假定Y取c个不同的值1，2，…，c。且序与数字的大小相同，则Y取各值的概率为$P_i=P(Y=I)$，$i=1,2,\cdots,c$。于是，可引入不同的概率之比，如果模型的拟合方式选择“下（减少）水平”，则累积Logit变换的公式为：

$$e^{L_i}=\frac{\sum_{i=1}^{j}P_i}{\sum_{k=j+1}^{c}P_k}=\frac{P(Y\leqslant j)}{P(Y\geqslant j+1)}=\frac{P(Y\leqslant j)}{1-P(Y\leqslant j)} \tag{2}$$

由上式（7）得：$P(Y\leqslant j)=\dfrac{e^{L_i}}{1+e^{L_i}}$ (3)

$$P(Y=j+1)=P(Y\leqslant j+1)-P(Y\leqslant j) \tag{4}$$

其中，$j=1,2,\cdots,c-1$。

当$j=1$时，$P(Y=1)=P(Y\leqslant 1)$； (5)

当$j=c$时，$P(Y=c)=1-P(Y\leqslant c-1)$。 (6)

对于拟合的结果，检验模型或参数的显著性，使用与最大似然估计法相联系的χ^2统计量进行检验，使用SAS软件提供的计算结果时，从相应的p值来决定模型是否有显著影响或参数是否显著的不为0，从而建立较合适的、稳健的模型。

拟合多元logistic回归模型时，使用变量自动选择的向后消去功能（backward elimination），利用余差χ^2统计量检验（Residual Chi-Square Test）变量留在模型里的作用是否显著，如果在0.05的检验水平下其作用是不显著的，则将该变量从模型中剔除。在logistic回归分析中，衡量模型拟合的好坏，一个常用的做法是计算预测值和实际观测数据中的一致对与不一致对的比例，从而了解拟合的回归与实际数据符合的情况，具体用Concordant指标来描述。Somers'D、Gamma、Tau-a、c等4个指标值描述模型的预测能力大小。

4.2 居民产生城市森林生态服务需求的环境分析

生活水平的提高、经济收入的增长是居民产生城市森林生态服务需求的经济基础，经济发展带来的环境污染促使居民对生活环境的重视，媒体参与和宣传教育有利于居民环保意识的觉醒。

4.2.1 物质生活环境分析

根据罗斯托的经济发展理论，生活质量改善要经过贫困、起飞、高额物质消费、追求生活质量四个阶段，越是处于后面的阶段，户外消费、公共物品及服务消费就越重要，生态环境服务在人们的效用函数中的权重越大。因此，需要考虑到居民普遍所处的具体生活质量阶段对生态服务需求的影响。在稳定、持续和较快发展的经济大环境中，居民的生活质量通过消费品数量、品种、质量和性价比等四个指标综合来衡量，即用“恩格尔系数”来体现。恩格尔系数（%）是用来衡量一个国家和地区人民生活水平的重要指标。恩格尔系数在59%以上为绝对贫困，50%～59%为勉强度日，40%～50%为小康水平；恩格尔系数在30%～40%之间，表明居民生活水平达到了富裕水平，城市化发展进入了全面发达阶段；当恩格尔系数低于30%时，居民生活水平达到了最富裕水平。恩格尔系数和人均居住面积都与人均GDP水平呈现显著的多项式相关关系，恩格尔系数随着人均GDP水平的增长而降低，人均居住面积都随着人均GDP水平的增长而增长。

通常，当恩格尔系数低于40%，人均年收入超过3 000美元时，是人们关心居住质量的经济标识，即人们会产生对改善和提高居住环境的需求。我国1978～2006年城镇居民家庭人均可支配收入及恩格尔系数如表4-1所示。由于我国经济发展过程中，物价和人均收入偏低，折算成美元后人均收入和人均国内生产总值都偏低，不能直接使用一些学者对世界各国的发展状况进行研究后得出的结论，只能参照。

除采用恩格尔系数这个指标衡量居民生活质量以外，还可以采用人均GDP。人均GDP是一个既能够反映生产力水平、又能够反映人民基本生活状况和基本国情国力的综合指标，是衡量城市化质量的一个“硬指标”。通常，经济发展水平高的城市的人均GDP和人均可支配收

表 4-1 城镇居民家庭人均收入及恩格尔系数

Table 4-1 Per Capital Annual Disposable Income of Urban Households and Engel's Coefficient

年 份	城镇居民家庭人均可支配收入		人均国内生产总值（元/人）	城镇居民家庭恩格尔系数（%）
	绝对数（元）	指数（1978 = 100）		
1978	343.4	100.0	381	57.5
2001	6 859.6	416.3	8 622	38.2
2002	7 702.8	472.1	9 398	37.7
2003	8 472.2	514.6	10 542	37.1
2004	9 421.6	554.2	12 336	37.7
2005	10 493.0	607.4	14 040	36.7
2006	11 759.5	670.7	16 084	35.8

数据来源：根据 2006、2007 年《中国统计年鉴》整理。

入（可支配收入是指居民家庭在支付个人所得税、财产税及其他经常性转移支出之后余下的实际收入）水平会很高，这也意味着人民生活水平很高（赵秀勇，2003）。全国小康目标是人均 GDP 达到 3 000 美元，居民人均可支配收入 18 000 元（国家统计局城市社会经济调查总队等，2005）。随着经济的发展，社会对良好生态环境的需求也逐渐扩大。一般而言，生态需求的大小与经济发展水平密切相关。研究表明，当人均 GDP 在 300 ~ 800 美元时，标志着人们的生活水平已基本达到温饱，开始向小康社会迈进，这个时候人们就会自然而然地开始注重生存环境的改善问题，生态需求开始增加；当人均 GDP 达到 800 ~ 6 000 美元时，生态需求会急剧增长。

4.2.2 城市生态环境分析

在我国绝大多数城市都存在公共财政对城市森林投入不足的现象。虽然 2001 年国务院下达《关于加强城市绿化建设的通知》文件，但是直至 2006 年中国很多城市还没有达到规定指标的要求，存在城市内部区域之间绿地分布不平衡，城市中心区和老城区绿地数量不足的问题，而且全国仍有 76 个城市人均公共绿地不足 $3m^2$，其中 36 个城市绿化覆盖率不足 10%。

随着工业经济的发展，废水、废气、固体废物的排放量逐年增加，1999～2006年全国工业“三废”排放情况如表4-2所示。

表4-2　全国“三废”排放情况表

Table 4-2　Ehaustion of “Waste water, waste gas and waste solid” in China

年　份	工业废水排放总量（亿吨）	工业废水排放达标率（%）	工业废气排放量（亿标 m^3）	工业固体废物产生量（万吨）
1999	197	66.7	126 807	78 442
2000	193	76.9	138 145	81 608
2001	203	85.2	160 863	88 746
2002	207	88.3	175 257	94 509
2003	212	89.2	198 906	100 428
2004	221	90.7	237 696	120 030
2005	243	91.2	268 988	134 449
2006	240	90.7	330 992	151 541

数据来源：根据2004、2005、2006、2007年《中国统计年鉴》整理。

4.2.3　居民的环境保护意识分析

城市环境的保护及治理措施的制定应当建立在广大市民现有的环境意识基础之上。因此，只有通过了解市民环境意识及参与意愿，才能更有针对性地解决在居民参与城市森林建设中存在的主要问题。环境意识是人在处理与自然环境关系中所反映的社会思想、理论、情感、意志、知觉等观念形态的总和，表现为环境知识、环境态度、环境行为等主要方面。本文的实证研究根据测评环境意识所应涵盖的内容，从与日常生活有关的环境知识、环境态度和环境行为等3个方面设计题目。其中“环境态度”是指人们对环保活动（或政策）的看法或对人与环境之间关系的认识。“环境行为”是指通过设计一些情景或提出一些实际问题，考察居民的行为倾向和参与的可能性，而这种行为在调查中只能是预期行为（刘永辉等，2007)。中国环境文化促进会在2008年1月8日公布了“2007中国公众环保民生指数”，首次在全国31个省会城市进行环保意识、环保行为和环境满意度调查，调查显示，环保意识越高的公众，环保行为的参与度也越积极；但环保意识与环保满意度却呈负相关关系，即环保意识越高，环保满意度就越低。在环保意识方面，排在前五位的依次是乌鲁木齐、南京、北京、上海和西安，后五位分别是哈尔滨、广州、沈阳、长沙和长春，东北地区占三席；在环保行为方面，前五位依次是北京、乌鲁木齐、西安、南京和上海，后五位分别是重庆、成都、西宁、兰州和银川，主要分布在西部地区；在环保满意度方面，前五位分别是拉萨、沈阳、杭州、重庆和银川，后五位分别是合肥、武汉、北京、济南和兰州。从中可见，公众环保意识和参与度较高的城市，对城市的环保满意度要求也越高。以北京为例，北京的环保意识和环保行为分别排在全国的第三和第一，但北京在环保满意度却排在全国的倒数第三，表明公众对北京环境状况不满意。

虽然哈尔滨公众的环保意识在全国居后五位，但是通过对哈尔滨、牡丹江这两个大中城市的抽样调查表明，受访居民还是具有较强的环保意识和参与城市森林生态服务自愿供给的支付意愿。

4.3　城市森林生态服务供给方式的理论分析

4.3.1　城市森林生态服务三种供给方式的内涵

城市生态环境建设属于比较纯的公共产品和公共服务的范畴，由于纯粹的公共产品在实物形态上无法像私人产品一样分割到每个人的手中，并且带有极强的正外部效应，因此必须由政府主要是通过非市场的方式提供出来。城市森林生态服务属于公共服务，按照供给主体可以划分为政府供给和非政府供给，按照运行方式可以划分为政府供给、市场化供给和自愿供给等三种供给方式。一般来说，稀缺公共物品的供给由政府承担，但是在政府财政资金紧张的情况下，应该拓宽供给渠道，在以政府供给为主导的前提下，可以以市场化供给和自愿供给作为补充，市场化供给和自愿供给又统称为非政府供给或私人供给。无论是哪种供给方式，由于城市森林生态效益远远超过了其经济效益，都会受到森林生态效益补偿机制的直接影响，制定合理的森林生态效益补偿机制是实现森林生态服务可持续供给的前提。

城市森林生态服务的政府供给即政府通过公共财政支出供给成本来提供城市绿化服务的方式，政府可以由其下属的园林企业直接生产，也可以向其他独立的园林企业购买后再提供给社会，政府供给以公平为目的、以税收为主要筹资手段，属于“保障层次”的供给。

城市森林生态服务的市场化供给是营利组织根据居民对城市森林生态服务市场的需求、以营利为目的、并以收费方式补偿其支出来提供生态服务的供给方式。这一方式下政府的责任是界定市场主体的权利和义务范围，制定必要的政策法规，引导城市森林生态服务市场的发育和完善，属于“补充层次”的供给。具体包括市场化补偿、小区绿化市场化供给等两种形式。但是如果生产某一公共物品是全体企业或个人对社会应尽的义务，则政府有权要求其生产而不给予任何补偿，比如全民义务植树、厂区绿化。

自愿供给是在市场化供给、政府供给机制发生作用的基础上，公民个人、单位以保持利他与利己相一致的目的、以捐赠或公益彩票等形式无偿和部分无偿地筹集资金，直接或间接地用于城市森林生态服务供给的一种供给方式，属于“贡献层次”的供给。自愿供给同样离不开政府相关政策的制定和引导。

4.3.2 城市森林生态服务的三种供给方式的运行机理

根据城市森林生态服务供给主体和供给方式的特点，需要进一步明确政府供给、市场化供给和自愿供给的范围和运行机理。政府供给的范围包括行道树、公园、隔离带，市场化供给的范围包括市内及城郊森林、屋顶花园、小区绿化，自愿供给的范围包括义务植树等志愿服务、社会捐赠或绿化彩票等形式。三种供给方式的运行机理如下：

（1）城市森林生态服务的政府供给方式是政府部门利用税收筹集资金，根据园林绿化资金情况，直接从事或政府出资由私有园林公司进行城市行道树、公园、隔离带的管护工作。政府供给需要有立法机关和审计机关的依法监督以及新闻媒体和公众的监督。公众对城市绿化的认可以及园林城市的评比结果对政府供给有激励作用。在财政资金有限的情况下，政府的供给范围将缩小至行道树、隔离带和开放式公园，收费公园通过门票收入和开展一些游乐经营项目来维持其基本开支，如果难以维计，政府则承担一定的供给。

（2）城市森林生态服务供给的市场供给方式在决策方面是由营利组织基于成本收益分析而对是否参与城市森林生态服务供给、具体供给的项目和规模进行独立决策。在筹资方面以高于成本的价格进行收费，其经营活动得到政府授权，通过对受益者收费来补偿其投资和正常经营开支。在激励约束方面因供给产品不同而不同，具体情况是：①通过投资城郊森林而使企业位于森林中的疗养院、体育设施受到消费者更多的认可和欢迎，因而获得更高的利润，以及居民的经济补偿、政府的税收减免和取得森林认证资质后的木材产品经营政策都会激励企业投资城郊森林开发，森林投资大及周期长的特点、居民的环保意识、补偿额度和政府政策的倾斜程度又会制约企业供给的规模。②在确定小区物业管理公司的情况下，小区绿化属于一种垄断式供给，应对其收费水平加以约束，相关部门提供收费价格标准，便于小区居民根据绿化数量和质量进行监督。③屋顶花园作为房屋的附属设施，主要由居民投资建设，在房产部门和绿化部门办理产权后，可以和房屋一起交易，不仅使居民的投资得到法律保障，而且有利于房屋的更快增值。此外，投资的居民还获得能够愉悦身心的私人休闲活动空间。这些有利因素将激励居民投资屋顶花园，但是较高的建设成本也制约着屋顶花园的投资。随着城市森林生态服务供给的市场化模式的确立，将从根本上改变居民生态消费行为规范的制度基础。

（3）自愿供给方式是居民个人、单位自愿地无偿和部分无偿地筹集资金，直接或间接地用于城市森林建设，具体包括组织义务植树及志愿者活动、通过发行“绿化彩票”以及捐款来筹集城市森林建设资金等投入形式。该机制在决策方面是以个人价值观作为选择的依据，通过居民的义务植树、捐款并以城市森林建设基金会、社区为中介来实现；在筹资方面包括义务植树、捐款等无偿的社会捐赠形式和城市森林建设基金会发行的绿化彩票及社区组织的绿化冠名活动等部分无偿的筹资形式；在激励约束方面需要国家制定相关法律，加强资金的使用和审计，公布捐赠和使用信息，增加资金管理的透明度，录入个人捐赠信息以提高个人信用等级以及其他对捐赠人的褒奖政策都会对自愿供给产生激励作用。

4.3.3 城市森林生态服务的三种供给方式的相互关系

目前，城市森林生态服务的供给主要由政府提供，但是随着城市经济的发展、居民环保意识的提高和保证城市森林生态服务供给制度安排的提供，将出现供给主体多元化的局面。城市森林生态服务的供给将是政府供给方式、市场化供给方式和自愿供给方式的组合，城市森林生态服务的供给是由在空间上并存的三种供给方式发挥作用，三种供给方式的作用范围和相互关系不是一成不变的，将会随着供给条件的变化而变动。城市森林生态服务的三种供给方式的相互关系如图 4-1 所示。

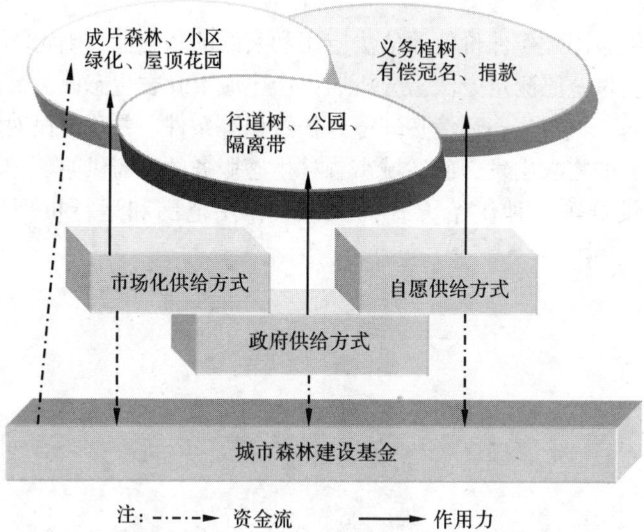

图 4-1　城市森林生态服务供给关系图

Fig. 4-1　System Diagram of Urban Forest Ecological Service Supply

从图 4-1 可知，政府供给方式是市场化供给方式和自愿供给方式的基础，在三种供给方式都发挥作用时，它们的作用范围将有一定的重合。以小区绿化为例，居民所缴纳的物业费包含小区绿化费，是一种市场化供给方式；同时也可以对自愿为小区绿化额外捐款的居民给予小区树木的冠名权，是一种自愿供给方式；目前小区绿化以市场化供给方式为主，以自愿供给方式为辅。随着政府投入城市绿化资金的增加，在保障行道树、公园、隔离带的供给情况下，可以增加对城郊森林的投入，扩大政府供给方式的作用领域。由于城市森林生态服务具有公共物品的特性，因此，其市场化供给方式的运行需要城市森林建设基金给予补偿。城市森林建设基金筹集的渠道包括政府的经济补偿、森林周边地区居民的经济补偿和自愿捐款。依据国家生态公益林补偿政策和中介机构的成本评估报告，将城市森林建设基金用于对成片森林经营者进行补偿。在资金允许的情况下进一步实行对屋顶花园业主的经济补偿。

4.4 本章小结

在借鉴国外条件价值评估法应用和实践的基础上，确定本文要采用的居民支付意愿测量方法。分析居民产生城市森林生态服务需求的物质生活环境、城市生态环境、环境保护意识等条件，并从居民对城市森林生态服务的需求出发，阐述城市森林生态服务的政府供给、市场化供给和自愿供给等三种供给方式的内涵、作用范围和运行机理以及相互关系。

5

城市森林生态服务的市场化供给方式研究

虽然国家陆续采取实施新的《中华人民共和国森林法》、建设林业六大工程、建立中央森林生态效益补偿基金等举措，但政府有限的财政收入难以满足森林生态效益补偿的需要。在国外，建立森林环境服务市场已经成为筹集森林生态补偿基金、完善森林生态补偿机制的一条有效途径，各国都在采取不同的措施致力于解决本国的生态环境问题（王运生，2007；饶传坤，2006）。中国的一些学者近年来也在积极推进森林生态补偿市场化方面的研究，其研究主要集中在以下几个领域：对生态补偿制度的全面思考（曾玉林，2007），对森林生态补偿市场机制的初步探讨（朱四海，2006），对森林生态服务价值的评价（胡艳琳，2005）等。但是，很少有人从市场角度出发，探讨非林地区公众成为购买方的可能性。

城市森林不仅使城市森林周边地区的房地产增值，而且产生的清新空气有益市民的身体健康，这些经济效益和社会效益都是由城市森林的生态效益产生的，按照公平理论，即使政府对城市森林所有者给予一定的经济补偿，受益者也应该根据受益大小和区域经济发展水平对城市森林所有者给予一定的经济补偿，但是目前还没有城市森林生态效益经济补偿方面的实践案例。本章首先阐述城市森林生态服务市场化的条件，然后针对城市森林生态服务市场化的典型——城市森林周边地区居民对城市森林生态效益的经济补偿进行实证分析。

5.1 城市森林生态服务市场化供给方式的构成

城市森林生态服务处于使用权边界不清的状态下，需要在某些环节引入一定程度的市场方式，对生态资源进行有效配置。但是由于生态效益的正外部性，只有找准城市生态环境建设引入市场化方式的切入点，才能将居民的个人理性聚合成小区生态环境改善的集体理性，从而有效发挥市场机制的作用。

目前城市森林生态服务的市场化供给仅局限于封闭式小区的绿化，市场化形式单一，市场化程度较低。可以说，目前城市森林生态服务市场化问题仍处于初步探索阶段，由于城市森林存在很多特殊性，而且不同类型的市场化形式在规则、标准、法规保障和实施等方面存在限制，以及公众认为该服务应免费提供的传统观念，这个市场的形成仍然存在很多问题。城市森林生态服务的市场化供给方式包括小区绿化市场化供给方式和城市森林市场化补偿方式。

（1）小区绿化市场化供给方式具体包括小区庭院的绿化和屋顶绿化等两种供给形式。小区庭院的绿化市场化供给方式是指小区物业公司等营利组织根据居民对居住区绿化环境的市场需求，以营利为目的、以收费方式补偿支出。屋顶绿化的市场化供给方式是指在有关政策的支持下居民投资兴建屋顶花园，拥有屋顶花园的产权。

（2）城市森林市场化补偿是指成片森林周边地区居民对市内森林经营者以及所有城市居民对城郊森林经营者进行经济补偿，实现补偿的前提是在森林生态效益提供者和受益者合作的情况下或者是在政策法规的强制执行下达到双方都受益的目的。首先在评估森林经营成本的基础上，按照国家公益林补偿标准，通过公共财政对经营成本进行部分补贴，然后根据成本与补贴的差额大小，并参考城市森林周边地区居民的支付意愿和城市经济发展水平，按居民人口收取补偿费。这种补偿费属于行政事业性定额收费，其收取标准需要由环境保护部门通过专业部门评估后，上报省财政厅批准。为降低收费成本，可与居民卫生费或物业费合并收取。

5.2 城市森林生态服务市场化供给的形成条件

城市森林生态服务市场化的条件是存在一个正规的信用市场，并有稳定的价格、频繁的交易和充足的市场信息、较低的交易费用。交易费用包括三部分：一是寻求供给与需求方面的基础信息的直接费用；二是讨价与决策费用，经讨价确定双方可接受的市场价格，以便做出决策；三是环境保护部门监测与执行费用。不仅交易费用存在，而且建立一项新的制度，其初始交易费用相当高，如果交易费用过高，超过所能获得的潜在效益，甚至导致交易市场的失灵。交易成本包括计量服务的成本、谈判成本、建立支付安排的制度成本、监测和实施成本等。

由于市场的形成是在经济利益驱使下的一种经济行为，需要公共部门的参与和推动。城市绿化管理办公室负责城市森林生态补偿公共基金的筹集和补偿活动的监督管理工作，城市林业管理部门负责制定市场交易规则、政策和法规以及实施对森林生态效益进行补偿工作，实行收支两条线。同时，城市林业管理部门提供森林资源资产交易所，为交易者提供可供选择的森林资源资产评估中介机构。下面进一步明确城市森林生态服务的三种市场化供给方式得以实现的条件。

5.2.1 在城市森林周边地区实行经济补偿的条件

对生态服务的消费行为并非是一种在既定目标下的效用最大化行为，对于一个居民来说，他对生态环境保护的偏好是在接受环保知识、宣传教育和与周围人的交往互动中形成的，是无数个具体行动组成的过程。市场交易中的规则、规范，各种明文规定的制度与不成文的惯例，都同样在有效地制约着消费者的决策，因为消费者的决策是在与周围的同事、亲戚、朋友和邻里之间的交往互动的过程中做出的选择。在城市森林周边地区实行经济补偿的含义是居住在大面积成片森林周边地区的市民对提供生态服务的森林所有者进行经济补偿，是一种市场化的交易行为，这种市场化形式产生的前提条件主要需要有以下 4 个方面：

(1) 通过舆论宣传培养居民的生态服务有偿消费观。城市森林生态服务市场的形成需要居民尤其是最为受益的森林周边居民对该生态服务功能与价值的认识。因此，加强城市森林生态服务功能的宣传、教育与培训，也是形成城市森林生态服务市场的不可缺少的必要条件。宣传教育有助于居民接受新的生态价值评判准则，如果居民认为对城市森林生态效益实行经济补偿的制度是公平合理的，那么就会愿意为这种公正合理的制度而付出，也就是说居民在心理上建立生态消费账户，他就会超越狭隘的个人成本收益框架，认为应该有偿获得生态服务。

（2）补偿额度要符合城市森林周边地区居民的支付意愿。通过在城市森林周边地区进行居民经济补偿意愿问卷的抽样调查，并对问卷数据进行分析以及与居民代表座谈交流，了解居民的支付方式和大小以及对未来的预期，为制定可行的经济补偿政策提供科学的依据。

（3）政府制定可行的补偿政策和收费管理办法。根据居民的支付意愿制定有关补偿政策，由物业公司统一收取。如居民的经济补偿和政府财政补贴仍不能满足森林管护支出成本，则由远离森林的其他居民进行小额补偿。

（4）将居民在社区的行为纳入到其个人信用记录中。市场经济是建立在信用基础上的经济，良好的信用评价是个人立足于社会的通行证。目前居民个人信用信息主要记录其消费信贷情况。我国电子政务平台的建设和完善为个人信用体系的构建提供了技术支撑，街道办事处利用该平台可以将居民在社区的行为情况录入到个人征信数据库。

5.2.2 小区绿化的市场化条件

小区绿化市场化运作需要具备以下条件：

（1）小区多数居民具有进一步开展小区绿化的需求。根据小区多数居民对小区绿化服务的需求，由物业公司组织供给。具体来说是由小区业主委员会或社区居委会提供居民对小区绿化需求方面的信息服务，由物业公司提供有关园林企业的绿化价格及绿化量等供给方面的信息服务。如果小区没有成立业主委员，则由社区居委会代表居民的利益。

（2）明确小区绿化的市场价格和质量保证。由小区业主委员会或社区居委会与物业公司交流后确定绿化方案和双方可接受的小区绿化的市场价格以及绿化质量，物业公司作为中介组织提供施工监督、绿化质量保证和管护方面的服务。通过物业公司开展小区绿化有利于降低交易费用，从而保证小区绿化市场化运作的顺利开展。

（3）小区业主委员会或社区居委会进行有效监管。小区业主委员或社区居委会负责收取小区绿化费，根据物业公司的实施方案进行资金划拨，并监管小区绿化费的使用情况，并对小区绿化质量进行相应的评价和考核，并将收支情况和考核情况予以张榜公布。

5.2.3　屋顶花园的市场化条件

屋顶花园的主要功能就是为业主提供一个环境优美的休息娱乐场所，由于在屋顶建花园存在种种问题（如承重、面积大小、远离地面、植物生存条件苛刻等），这就要求屋顶花园在形式上应该小而精，力求精美，给人以轻松、愉悦的感受，同时达到相应的环保效果（见附录1）。业主营造屋顶花园的目的就是要在有限的空间内进行绿化、造景，为自己创造一个环境优美的生活空间，提高生活质量、文化品位，因此该设计方案将运用因地制宜、以人为本的设计理念，并结合周围环境、时代特色，考虑业主的个人想法和要求，为其营造出一个个性鲜明的私密空间，同时把绿化放在首位，坚持以绿为主，绿化率将达到50%以上。但是营造屋顶花园也存在下述不利条件：7层以上、20层以下的楼房若要实施屋顶绿化，算上运输费、植株费、人工费，一平方米正规的屋顶绿化大概需要200元左右，由于费用不低，加上没有规范化的屋顶绿化管理办法以及顶楼住户缺少相关信息而担心对楼顶的腐蚀破坏，因此造成很多单位和个人拒绝屋顶绿化。

屋顶花园市场化的前提条件是要有明晰的产权。产权是开发屋顶花园的基本保证，本着“谁建谁有”的原则，屋顶花园产权通过房地产部门的注册加以明晰，同时政府部门要具有制度创新的意识，提供激励屋顶花园开发的制度安排，并将屋顶花园的交易与房屋买卖双方交易集成在一个平台上。

5.3　基于居民支付意愿的城市森林经济补偿实证研究

城市森林生态功能价值的最大受益者是其周边地区的居民，实行城市森林生态效益经济补偿政策首先应从城市森林周边地区开始，为此，需要调查周边地区居民对城市森林生态功能价值的支付意愿（WTP）。本节是在对哈尔滨城市森林周边的4个居民区进行调查的基础上，分析城市森林周边地区居民对生态环境建设的看法、支付意愿和影响支付意愿的各种因素，并对这些影响因素进行关联性分析和居民出资概率的Logistic回归分析。

5.3.1　支付意愿调查方法与问卷设计

在东北林业大学哈尔滨林场周边的2个社区、植物园和原动物园周边各1个居民区进行随机取样，调查对象是没有性别、职业限制的成年人。调查问卷分为被调查者基本情况、居住环境、生态建设看法和改善环境措施四方面，包括19个结构性选择问题和1个开放性问题。支付意愿采用出钱和出力双界三分选择的条件价值评估法（CVM）。共发放问卷460份，采用SAS软件进行数据整理分析。

调查问卷是迄今为止用于收集第一手资料的最普遍的工具，一项调查的结果是否能达到调查确定的要求和目的以及所收集到资料的可靠程度和完善程度都取决于调查问卷设计水平的高低。本项调查问卷设计包括问卷标题的设计、问卷说明的设计、问卷正文的设计和必要注明的设计等四部分。问卷正文分为受访者基本情况和调查的主题内容两部分，受访者基本情况包括年龄、文化程度、职业、人均月收入等8个结构性选择问题，调查的主题内容包括居住环境、生态建设看法、改善环境措施及意见和建议等四方面共11个结构性选择问题和1个开放性问题，其中，支付意愿采用出钱和出力双界三分选择的假设市场价值评估法。调查的主题内容各有所侧重，居住环境情况与有关生态建设的看法主要侧重于受访者主观评价方面的调查；改善城市环境的措施侧重于受访者行为倾向方面的调查；意见和建议是由受访者说明自己其他方面的态度或观点，以征询受访者对问卷设计或对问卷调查本身有何感受等，作为主题内容最后的补充。

CVM问卷的设计精确与否将直接影响研究结果，需要在问卷的预调查、调查形式、样本量、偏差控制、环境信息的提供等方面进行认真研究，如：CVM在调查支付意愿时需要设定数值范围来引导受访者回答，如果设定不当，会导致选项偏离人们支付意愿现象的发生。因此，正式调查前，在小范围内进行出资数额和出力时间方面的咨询，从而把调查问卷正文中的第18个项目“每年出资”划分为四个出资支付区间：10元以下、10~30元、30~50元和50元以上，把第19个项目“每年出力”划分为四个出力支付区间：2小时以内、2~4小时、4~6

小时和6小时以上。本调查问卷设计保证了所提供的备选答案都是按其逻辑顺序进行排列，使不同水平的次序与逻辑次序一致。

5.3.2 样本数据基本构成及数据的调整情况

本次共发放问卷460份，获得有效问卷452份，首先使用Excel软件录入调查问卷的原始数据，工作表中的一行记录反映一份问卷的数据，共形成452行19列的数据表，然后利用SAS软件直接将数据导入形成SAS数据集，最后对SAS数据集进行描述性统计分析、属性数据关联性分析和Logistic回归分析。样本数据基本构成如表5-1所示。对调查数据进行描述性统计表明，66%的居民认为空气质量有好转，96%的居民认为需要加强城市森林投入，70.6%的居民愿意出资，80.3%以

表5-1 调查问卷主要项目基本构成表

Table 5-1 Principal Items of Questionnaire

项目名称	项目取值及分布情况/%				
文化程度	小学 6.0	中学 34.3	大学 55.1	研究生 4.6	
人均收入(元)	600 以下 34.4	600~1000 26.3	1000~1500 18.5	1500~2000 10.9	2000 以上 9.9
日户外锻炼时间	0 小时 12.7	0~0.5 小时 23.0	0.5~1 小时 31.3	1~1.5 小时 1~2.15.5	1.5 小时以上 17.5
空气质量变化	明显好转 29.9	略有好转 33.1	没有变化 26.0	恶化 11.0	
空气质量情况	满意 24.2	比较满意 49.7	比较不满 16.4	不满意 9.7	
最大经济收益者	房地产商 51	居民 35.7	政府 13.3*		
最大生态收益者	房地产商 3.9	居民 90.0	政府 6.1		
支付形式**	既出资又出力 61.7	仅出资 8.9	仅出力 18.6	拒绝支付 10.8	
每年出资	10 元以下 23.8	10~30 元 32	30~50 元 20	50 元以上 24.2	
每年出力(小时)	2 小时内 30.9	2~4 小时 3~22.9	4~6 小时 5~12.9	6 小时以上 33.3	

注：*是指被调查者认为城市森林建设情况与政府的政绩有关。**是指选项经过处理分析后形成的。

上的居民愿意出力，其中70.6%和80.3%都包括61.7%的既出资又出力的居民。根据样本数据中的每年出资四个组的中值和频数计算出居民人均出资意愿为33.2元/年，每年出力四个组的中值和频数计算出居民人均出力意愿为5.5h/年。

调查问卷正文中的第17个项目“支付形式”提供三选一方式：“出资”、“出力”和“其他”，统计比例分别是：28.4%、37.6%和34%，具有出资和出力支付意愿的居民仅占66%，与回答“愿意做贡献”的统计比例91.6%相差悬殊，前后不一致。经过对第18个项目“每年出资”和第19个项目“每年出力”这两个项目选择情况的分析，发现支付形式实际有四种：“既出资又出力”、“仅出资”、“仅出力”、“既不出资又不出力”。由于第17个项目“支付形式”提供的三个备选答案没有包括“既出资又出力”，导致选择该项的受访者只好选择“其他”，因此需要对选择“其他”选项的问卷的第18个项目和第19个项目进行分析找出这种选项。具体做法就是对“支付形式”项目的数据进行调整，建立由“每年出资”和“每年出力”这两个项目组成双向频数统计表，该双向表的具体输出结果如表5-2所示。表5-2中的“1”、“2”、“3”、“4”分别代表四个支付区间，“0”代表没有进行选择即拒绝支付，每个单元格的两个统计数据分别是频数和百分数，“既不出资又不出力”即拒绝支付的百分数是10.84%，根据“0”所在的行和列的百分数29.42%和19.69%与10.84%的差，计算出“仅出力”、“仅出资”和“既出资又出力”的百分数分别约为18.6%、8.9%和61.7%，实际上只有11.1%的被调查者既不愿出资，也不愿出力，拒绝支付。调整后的具体支付形式统计数据如表5-3所示。

表5-2　“每年出资”和“每年出力”组成的双向表的计算结果

Table 5-2　The Result of Crosstabs of Donating Money & Contributing Effort

Var18（捐款级别）	Var19（出力情况）					
Frequency Percent	0	1	2	3	4	Total
0	49 10.84	23 5.09	11 2.43	13 2.88	37 8.19	133 29.42

（续）

Var18（捐款级别）	Var19（出力情况）					
Frequency Percent	0	1	2	3	4	Total
1	7 1.55	39 8.63	13 2.88	3 0.66	14 3.10	76 16.81
2	12 2.65	24 5.31	34 7.52	14 3.10	18 3.98	102 22.57
3	6 1.33	13 2.88	17 3.76	13 2.88	15 3.32	64 14.16
4	15 3.32	13 2.88	11 2.43	4 0.88	37 8.19	77 17.04
Total	89 19.69	112 24.78	83 18.36	47 10.40	121 26.77	452 100.00

表 5-3　“每年出资”和“每年出力”组成的双向表

Table 5-3　Crosstabs of Donating Money & Contributing Effort

支付形式	组成比例（%）	
	不出力	出力
不出资	10.8	18.6
出资	8.9	61.7

5.3.3　支付意愿影响因素分析

分析影响支付意愿的因素需要以下 3 个步骤：第一，建立文化程度、人均收入和户外锻炼身体时间等变量与支付形式变量形成的列联表；第二，根据列联表的单元观测数据形成数据集；第三，对数据集进行属性变量无关联性的卡方检验，具体卡方值和显著性概率如表 5-4 所示。表 5-4 数据表明，在显著水平 $\alpha=0.1$ 情况下，文化程度、人均收入都与支付形式和出资大小有关联，与出力大小无关联；户外锻炼身体时间与支付形式及程度无关。

表 5-4 影响支付形式及支付程度的无关联性检验

Table 5-4 Non-correlating Tests on Factors Influencing Terms and Quantity of Payment

影响支付形式及支付程度的因素	支付形式		出资大小		出力大小	
	卡方值	显著性概率	卡方值	显著性概率	卡方值	显著性概率
文化程度	20.29	0.002	16.38	0.059	9.16	0.62
人均收入	30.99	0.001	31.74	0.002	9.23	0.68
日户外锻炼时间	11.09	0.197	12.53	0.404	13.68	0.32

5.3.4 支付形式及出资大小的关联性分析

文化程度、人均收入都与支付形式和出资大小有关联，具体关联量度如表 5-5 所示。表 5-5 数据表明，文化程度、人均收入都与支付形式呈现负关联，文化程度、人均收入都与出资情况呈现正关联，也就是说，随着文化程度的提高和人均收入的增加，支付形式越趋向于出资，而且出资情况越趋向于大额支付。根据统计量数值大小，可以推出人均收入与支付形式、出资情况的关联度高于文化程度与支付形式、出资情况的关联度的结论。

表 5-5 有序变量的关联性量度

Table 5-5 Correlation measurement of Ordered Variables

关联变量	支付形式		出资大小	
	γ 统计量	τ_b统计量	γ 统计量	τ_b统计量
文化程度	-0.21	-0.13	0.23	0.14
人均收入	-0.31	-0.22	0.24	0.18

5.3.5 拒绝支付原因分析

对“每年出资”和“每年出力”这两个项目都没有选择的受访者被视为拒绝支付者，其基本状况组成如表 5-6 所示。表 5-6 数据表明，拒绝支付者文化程度多数为中学，月人均收入多数处于 600 元以下，年龄呈现 25 岁以下和 60 岁以上的两级态势，职业构成以离退休人员为主，其次是基层人员和学生。拒绝支付的主要原因是较低的收入和文化程度。

表 5-6 拒绝支付者基本状况组成

Table 5-6 Information on People Unwilling to Pay

项目名称	项目取值及分布情况/%				
文化程度	小学 10.2	中学 51	大学 36.7	研究生 2.0	
人均收入（元）	600 以下 51	600 ~ 1 000 24.5	1 000 ~ 1 500 22.5	1 500 ~ 2 000 2.0	2000 以上 0
年龄情况	25 岁以下 28.5	25 ~ 40 岁 14.3	40 ~ 60 岁 24.5	60 岁以上 32.7	
日户外锻炼时间	0 小时 20	0 ~ 0.5 小时 14.3	0.5 ~ 1 小时 24.5	1 ~ 1.5 小时 22.5	1.5 时以上 18.4
职　业	基层人员 27.9	中层人员 7.0	高层人员 9.3	离退休人员 32.6	学生 23.2

5.3.6 居民出资概率的 Logistic 回归分析

通过上面的关联性分析发现文化程度、人均收入都与支付形式和出资大小有关联，进一步分析得知文化程度与人均收入相关程度较高，建立居民出资概率的 Logistic 回归模型的目的是通过一个城市的人均月收入情况来预测居民出资概率情况，为开展城市森林生态效益经济补偿政策提供可行性分析依据，为此确定只选取人均月收入 V_5 作为自变量。对人均月收入变量（分为五个取值）与支付形式变量（以出资为发生事件）进行 Logistic 一元回归分析，首先得到人均月收入 V_5 回归系数的 $Pr > \text{ChiSq}$ 值（即显著水平或概率值）为 0.000 3（以第 17 个项目“支付形式”的未调整数据为依据），远远小于 α 值 0.05，说明自变量在回归中的作用是显著的，然后得到了回归系数的估计值，由此可知拟合的 Logistic 回归模型为：$\text{Logit}[P(\text{出资}=1)] = -1.2234 + 0.2796 \times V_5$。模型中人均月收入变量不是连续性变量，而是分为五个层级的有序变量，即 V_5 取值为 1、2、3、4、5，分别代表人均月收入为 600 元以下、600 ~ 1 000 元、1 000 ~ 1 500 元、1 500 ~ 2 000 元和 2 000 元以上。当 V_5 取不同数值时可以预测出不同收入状况下居民选择出资的概率情况，由此预测出人均月收入为 600 元以下、600 ~ 1 000 元、1 000 ~ 1 500 元、1 500 ~ 2 000 元和 2 000 元以上的居民选择出资的概率分别为 28.01%、33.98%、40.50%、47.38% 和 54.35%。

5.3.7 城市森林周边地区居民支付意愿调查结论

（1）支付意愿调查分析结果是：70.6%的受访者愿意出资（人均33.2元/年），80.3%以上的受访者愿意出力（5.5h/年），其中70.6%和80.3%都包括61.7%的既出资又出力的居民，10.8%的受访者既不愿出资，也不愿出力，拒绝支付。支付意愿影响因素与人们的认识基本一致，文化程度越高的居民收入越高，从而越倾向于选择出资支付形式和较多的支付额，人均月收入2 000元以上的居民选择出资的概率为54.35，约是人均月收入600元以下居民出资概率28.01%的2倍。

（2）在政府财力有限和城市森林不能完全满足人民群众日益增长的生态服务功能需要的条件下，城市森林周边地区的受益者应该有偿获得城市森林生态功能服务，在制定有关城市森林生态效益经济补偿政策时应考虑出资与出力两种补偿形式，从而满足不同层次居民的支付意愿。

（3）首次应用条件价值评估法（CVM）对城市森林周边地区居民进行城市森林生态效益经济补偿支付意愿（WTP）调查，在调查交谈中发现，选择出力的受访者中有一小部分是出于对资金管理方面的顾虑，而非己所愿地选择“出力”和“其他”支付形式。

（4）人均月收入2 000元以上的居民选择出资的概率为54.35 %，具有大学文化程度以上的居民有22%选择50元以上的出资额度，因此，筹集城市森林生态效益经济补偿资金应从高收入高文化程度的居民开始实行，同时确定的补偿额度要符合受益者的支付意愿，这样才能真正调动群众广泛参与城市森林建设的积极性。总之，居民对城市森林生态效益经济补偿支付意愿调查将有助于政府制定更为合理的改善城市生态环境方面的政策，从而促进城市生态系统的良性发展。

5.4 小区绿化市场化供给方式的实证研究

在远离城市森林的居民小区进行了入户抽样问卷调查，调查方法和问卷设计详细内容见6.1章节。本节只对调查中涉及的小区绿化和建屋顶花园进行关联性分析，在此分析的基础上，建立小区绿化的logistic回归模型，并给出分析结论。

5.4.1　调查结果分析

在这次抽样调查中，82.6%的受访者同意征收小区绿化费、43.9%的受访者愿意投资建屋顶花园。同意征收小区绿化费每人每年5元以下数额的人数占36.1%，5～10元的人数占41.7%，10～30元的人数占13.9%，30～60元的人数占8.3%，60元以上没有。

影响小区绿化和建屋顶花园的无关联性检验如表5-7所示，对是否同意征收小区绿化费和建屋顶花园的Mentel-Haenszel有序关联性检验结果如表5-8所示。与影响小区绿化出资大小和是否建屋顶花园的有关变量间的具体关联量度如表5-9所示。

表5-7　影响小区绿化和建屋顶花园的无关联性检验

Table 5-7　Non correlation test on Factors Influencing Greening and Building Roof Garden

影响因素	卡方检验显著性概率	
	小区绿化出资大小	是否愿意建屋顶花园
年　龄	0.045	0.049
居住楼层	0.131	0.138
文化程度	0.128	0.728
人均收入	0.088	0.154
对小区空气满意情况	0.170	0.073
日户外锻炼时间	0.212	0.714

表5-8　小区绿化和建屋顶花园的Mentel-Haenszel有序关联性检验

Table 5-8　Mentel-Haenszel ordered correlation test on Factors Influencing Greening and Building Roof Garden

影响因素	Mantel-Haenszel卡方检验显著性概率	
	小区绿化是否出资	是否愿意建屋顶花园
年　龄	0.024	0.064
居住楼层	0.579	0.432
文化程度	0.315	0.487
人均收入	0.529	0.592
对小区空气满意情况	0.388	0.014
日户外锻炼时间	0.241	0.313

表 5-9 有序变量的关联程度分析

Table 5-9 Analysis of Correlation Measurement of Ordered Variables

关联变量	小区绿化出资大小		是否建屋顶花园	
	γ 统计值	Spearman 相关系数	γ 统计值	Spearman 相关系数
年　龄	-0.079	-0.06	0.226	0.15
文化程度	-0.039	-0.033	-0.120	-0.076
人均收入	0.236	0.185	-0.116	-0.073
对小区空气满意情况	0.070	0.053	-0.336	-0.210
户外锻炼时间	0.260	0.224	-0.076	-0.07

5.4.2 小区绿化的 Logistic 回归模型

根据关联性检验结果，拟合小区绿化和建屋顶花园的 Logistic 回归模型，但是建屋顶花园的 Logistic 回归模型没有通过检验，建立以下两个有关小区绿化的 Logistic 回归模型：

（1）建立同意征收小区绿化费与年龄、收入、文化程度之间的多元 logistic 回归模型，使用变量自动选择的向后消去功能，由于利用余差 χ^2 统计量检验收入、文化程度两个变量留在模型里的作用是否显著的 p 值分别为 0.89 和 0.11，在 0.05 的检验水平下其作用是不显著的，将收入、文化程度两个变量从模型中剔除，得到同意征收小区绿化费的 logistic 回归模型：Logit［P（$V_{16}=1$）］$=3.1292-0.5372$AGE，模型参数估计值在 0.05 的检验水平下其作用是显著的，Concordant 等于 49.5%，表明用拟合的回归模型预测时有 49.5% 与实际的结果是一致的。Somers'D = 0.268，Gamma = 0.371，Tau - a = 0.076，c = 0.634 等 4 个指标值较高，表明模型有较高的预测能力。25 岁以下、25 ~ 40 岁、40 ~ 60 岁、60 岁以上的居民同意征收小区绿化费的概率分别是 0.930、0.886、0.820、0.727。

（2）同理，建立小区绿化费出资大小 V_{161} 与年龄、收入、文化程度之间的多元 logistic 回归模型，由于年龄、文化程度在 0.05 的检验水平下其作用是不显著的，将年龄、文化程度从模型中剔除，得到每人出资 5 元以内/年小区绿化费的概率关于收入的 logistic 回归模型：Logit［P

$(V_{161} \leqslant 1)]$ =0.840 4 -0.573 4INCOME. 得到每人出资5~10元/年小区绿化费的概率关于收入的Logistic回归模型：Logit $[P(V_{161} \leqslant 2)]$ =2.7751 -0.5734INCOME. 得到出资10~30元/年小区绿化费的概率关于收入的Logistic回归模型：Logit $[P(V_{161} \leqslant 3)]$ =4.1144 -0.5734INCOME. Concordant等于44.2%，Somers'D=0.224等4个指标值较高，表明模型有较高的预测能力。

5.4.3 小区绿化和建屋顶花园的实证分析结论

（1）在α=0.05的情况下，利用χ^2检验法，根据表6-7的卡方检验显著性概率值，发现年龄与小区绿化出资大小、是否愿意建屋顶花园有关联。

（2）在α=0.05的情况下，利用Mentel-Haenszel检验法，根据表6-8的Mantel-Haenszel卡方检验显著性概率值可以得出以下结论：年龄与小区绿化是否出资有关联；对小区空气是否满意情况与是否愿意建屋顶花园有关联。

（3）根据表6-9关联度分析，发现年龄与是否建屋顶花园属于正关联，年龄越大，越倾向主张不建屋顶花园；人均收入越高，越倾向于建屋顶花园，同时越倾向对小区绿化的大额出资；户外锻炼时间越长，越倾向对小区绿化的大额出资；对小区空气越不满意，越倾向建屋顶花园。

（4）根据小区绿化费出资的概率关于收入的Logistic回归模型得出：月人均收入600元以下的居民更倾向于出资在5元以下，概率是0.566；月人均收入600~1 000元之间的居民更倾向于出资在5~10元之间，概率是0.448，月人均收入1 000~1 500元之间的居民更倾向于出资在10~30元之间，概率是0.30，月人均收入1 500元以上的居民更倾向于出资在30~60元之间，概率是0.223。

5.5 城市森林生态服务的市场化供给方式的运行机理

（1）筹集城市森林经济补偿资金应从高收入、高文化程度的居民开始实行，同时确定的支付额度要符合受益者的支付意愿，这样才能真正调动群众广泛参与城市森林建设的积极性。由于生态服务具有公共产品的性质，带有联合消费的特点，个人付费消费目前尚不可行，但是随着人们对生态环境认识的提高和支付意愿及支付能力的增强，可以通过政府提供城市森林生态服务方面的相应制度安排，便于居民参与改善城市生态环境。从而更有利于城市生态环境的改善。

（2）城市发展的最终目的是创造出适宜人类生存和发展的空间和环境，需要政府统筹城市绿化和住宅建设规划，在城市绿地日益减少的今天，改善城市生态环境的途径之一就是开拓城市的绿色空间——屋顶，本着“谁建谁有”的原则，通过相应的政策保障机制拉动居民对屋顶花园的投资，使屋顶花园成为城市中绿化建设不可缺少的有机组成部分，促进城市绿化的空间发展。

（3）为了加大城市绿化资金投入，需要建立稳定的、多元化的筹集资金渠道。彩票作为一种特殊的金融工具，不仅能够筹措社会闲散资金，而且筹资成本低、筹资效率比较高，如果将其作为筹集城市绿化资金的主渠道，离不开广大居民的支持与参与，为此，城市绿化彩票的成功发行应建立在广泛的环保宣传基础上。

（4）为了适应目前的政治、经济和资源条件，传统的政策需要得到改进，从而更多地重视非市场资源、社会和团体的标准、集体和公共产品，同时，新的政策必须适应有限的政府预算以及较少的专业人员（Frederick Cubbage 等，2007）。因此，有关城市森林生态服务市场化政策的制定应建立在居民的支付意愿基础上，并兼顾实施成本。

5.6　本章小结

本章首先阐述了小区绿化市场化供给和市场化补偿等城市森林生态服务的市场化供给的两种方式，并分析了城市森林生态服务市场化供给的形成条件，然后通过对哈尔滨城市森林周边的四个居民区进行的实证调查，分析城市森林周边地区的居民对生态环境建设的看法、支付意愿和影响支付意愿的各种因素，并对这些影响因素进行关联性分析和居民出资概率的 Logistic 回归分析，最后对小区绿化和建屋顶花园进行了实证分析，建立了小区绿化费出资的概率关于收入的 Logistic 回归模型。

6 城市森林生态服务的自愿供给方式研究

保护环境、实施可持续发展战略，是一项需要全人类共同参与的系统工程。20 世纪 90 年代以来，公众参与已经成为时代的中心议题。1992 年，联合国环境与发展大会所通过的重要文件《里约宣言》和《21 世纪议程》都肯定并强调了公众参与对于城市生态环境建设的积极作用。其中，总共 4 篇计 40 章的《21 世纪议程》，用了一整篇共 11 章的篇幅专门论述公众参与问题，而其他的 29 章，每一章也几乎都有涉及公众参与的内容。公众参与城市生态环境建设，就是要求社会各个阶层的成员、各类群体的积极参与。每一个社会成员，不论其身份、地位和职业如何，都具有环境保护的责任，都应以适当的方式致力于城市生态环境发展。

目前，森林生态服务供给仅靠政府手段是不够的，应同时采取市场化机制来解决生态效益外部性问题。但是，在市场化的很多条件尚不具备、政府财力有限的情况下，城市居民的积极参与对改善城市生态环境可以发挥重要的作用。为此，需要应用条件价值评估法调查居民参与城市森林生态服务自愿供给的支付意愿。本章以哈尔滨市和牡丹江市的调查为例进行城市森林生态服务的自愿供给方式研究。

6.1 基于关联分析的城市森林生态服务的自愿供给方式研究

6.1.1 调查研究方法及问卷设计

2007 年 1 月在黑龙江省哈尔滨市进行入户抽样调查。本次调查采取分层抽样方法（stratified sampling），首先按照一类、二类、三类街道随机抽取到友谊路、一曼街、木兰街、花园街、马家街、巴陵街等街道，然后再抽取街号、单元号，最后对该单元的所有住户进行有关居民参与城市森林生态服务自愿供给的入户面访调查。在填写问卷前，向受访者出示有关成功绿化的示范小区及屋顶花园的彩色照片，以调查人们对环境质量改善的支付意愿。CVM 在调查支付意愿时需要设定数值范围，来引导被调查者回答，如果设定不当，会导致偏离人们支付意愿现象的发生。因此，正式调查前，在小范围内进行了支付数额范围的咨询，从而确定适合的区间范围（李莹，2001），该项调查的问卷正文设计包括：

①受访者基本情况包括年龄、受教育程度、职业、家庭成员、人均月收入、户外锻炼身体情况等 7 个结构性选择问题。②受访者居住环境情况包括住宅楼层、城市及小区环境看法和原因、小区空气质量及绿化情况、小区绿化费缴纳情况等 10 个结构性选择问题。③居民参与城市森林生态服务自愿供给方式及支付程度情况包括是否同意征收小区绿化费及征收数额、是否支持有偿冠名活动及出资大小、是否购买绿化彩票、是否参加过义务植树、筹集城市森林建设资金的支付形式及支付程度、是否愿意投资建屋顶花园等 9 个结构性选择问题。④属于开放性问题的意见和建议。调查的主题内容各有所侧重，居住环境情况与有关生态建设的看法主要侧重于受访者主观评价方面的调查；居民参与城市森林生态服务自愿供给情况侧重于受访者行为倾向方面的调查；意见和建议是由受访者说明自己其他方面的态度或观点，以征询受访者对问卷设计或对问卷调查本身有何感受等，作为主题内容最后的补充。本调查问卷设计保证了所提供的备选答案都是按其逻辑顺序进行排列，使不同水平的次序与逻辑次序一致。

6.1.2 结果分析

本次共发放问卷 135 份，获得有效问卷 132 份，首先使用 Excel 软件录入调查问卷的原始数据，工作表中的一行记录反映一份问卷的数据，共形成 132 行 26 列的数据表，然后利用 SAS 软件直接将数据导入形成 SAS 数据集，最后对 SAS 数据集进行描述性统计分析、居民参与自愿供给的影响因素关联性分析和 Logistic 回归分析。

6.1.2.1　描述性统计分析结果

样本项目取值及分布情况如表6-1和表6-2所示。根据主要项目的中值和频数而得到的均值情况是：人均月收入983.05元，日户外锻炼时间0.96小时，每人每年具体征收小区绿化费10.55元，每年每处冠名筹集的资金是27.18元，每年每户用于城市森林建设的平均出资是22.08元，每年每户平均出力8.57小时。

表6-1　调查问卷主要多选一项目的基本构成表

Table 6-1　Major Multiple Choice Items in the Questionnaire

项目名称	项目取值及分布情况/%				
年　龄	25岁以下12.9	25~40岁27.3	40~60岁35.6	60岁以上24.2	
楼层分布	1层7.7	2层和3层各18.5	4层16.1	5层15.4	6层12.3，7和8层共11.5
教育程度	小学6.8	初中24.2	高中35.6	大学33.4	
人均收入(元)	600以下12.9	600~1 000 44.7	1 000~1 500 31.8	1 500~2 000 9.1	2 000以上1.5
日户外锻炼时间	0小时8.2	0~0.5小时21.2	0.5~1小时32.6	1~2小时20.5	2小时以上17.5
对小区绿化的关注情况	很关注59.1	一般37.1	不关注3.8		
小区空气质量满意情况	满意9.2	比较满意32.0	比较不满44.3	不满意14.5	
每人每年具体征收范围	5元以下36.1	5~10元41.7	10~30元13.9	30~60元8.3	60元以上0
每年冠名出资	20元以下63.9	20~50元23.6	50~100元8.3	100~200元4.2	200元以上0
支付形式	出资又出力40.2	仅出资25.8	仅出力31.8	拒绝支付2.2	
每年出资*	20元以下66.7	20~50元24.1	50~80元5.7	80~100元2.3	100元以上1.2
每年出力**	5小时内57	5~10小时25.8	10~20小时5.4	20~40小时3.2	40小时以上8.6

注：*每年出资情况包括既出资又出力和仅出资两种情况，**每年出力情况包括既出资又出力和仅出力两种情况。

表 6-2 调查问卷主要二选一项目的基本构成表

Table 6-2 Choice Between Two Alternatives Items in the Questionnaire

项目名称	项目取值及分布情况/%	
距离成片森林	500 ~ 1 000m 81.6	1 000m 以上 18.4
成立业主委员会	同意 80.3	不同意 19.7
树木有偿冠名活动	支持 54.5	不支持 45.5
发行用于绿化的彩票	购买 29.6	不购买 70.4
义务植树活动	参加过 50	没参加过 50
我国《森林法》有义务植树的规定	知道 40.2	不知道 59.8
为改善城市生态环境做贡献	愿意 96.9	不愿意 3.1

6.1.2.2 关联性分析结果

各主要变量间的具体卡方检验显著性概率如表 6-3 所示，对二选一项目进行的 Mentel-Haenszel 有序关联性检验结果如表 6-4 所示。

表 6-3 影响居民参与城市绿化支付程度的无关联性检验

Table 6-3 Non Correlation Test on Payment of from Residents on Urban Greening

影响居民参与的因素	卡方检验显著性概率					
	冠名出资大小	改善城市生态环境支付形式	出资大小	出力大小	是否购买绿化彩票	是否参加过义务植树
年　龄	0.714	0.037	0.322	0.164	0.042	0.652
居住楼层	0.414	0.508	0.478	0.375	0.217	0.507
文化程度	0.597	0.015	0.742	0.808	0.580	0.000
人均收入	0.031	0.010	0.001	0.742	0.687	0.156
对小区空气满意情况	0.740	0.210	0.623	0.287	0.266	0.976
日户外锻炼时间	0.591	0.616	0.018	0.046	0.703	0.136

表 6-4 二选一项目的 Mentel-Haenszel 有序关联性检验

Table 6-4 Mentel-Haenszel Ordered Correlation Test on One Choice of Alternatives

影响因素	Mantel-Haenszel 卡方检验显著性概率		
	是否同意冠名出资	是否购买绿化彩票	是否参加过义务植树
年　龄	0. 005	0. 035	0. 285
居住楼层	0. 534	—	—
文化程度	0. 821	0. 648	0. 000 1
人均收入	0. 039	0. 533	0. 026
对小区空气满意情况	0. 119	0. 113	0. 947
日户外锻炼时间	0. 885	0. 624	0. 866

各主要变量间的具体关联量度如表 6-5 和表 6-6 所示。在 $\alpha = 0.05$ 的情况下，根据表 6-3 分析结果，只有年龄、教育程度两个变量与购买绿化彩票和参加义务植树有关联，它们间的关联程度分析结果如表 6-7 所示。

表 6-5 有序变量的关联度分析

Table 6-5 Analysis of Correlation Measurement of Ordered Variables

关联变量	支付形式		出资大小		出力大小	
	γ 统计值	Spearman 相关系数	γ 统计值	Spearman 相关系数	γ 统计值	Spearman 相关系数
年　龄	0. 302	0. 247	0. 136	0. 09	-0. 174	-0. 133
文化程度	-0. 288	-0. 23	-0. 102	-0. 067	-0. 041	-0. 029
人均收入	-0. 332	-0. 257	0. 079	0. 049	0. 252	0. 188
对小区空气满意情况	0. 060	0. 048	0. 011	0. 007	-0. 027	-0. 022
户外锻炼时间	-0. 014	-0. 014	0. 4	0. 278	0. 061	0. 053

表 6-6 有序变是的关联程度分析

Table 6-6 Analysis of Correlation measurement of Ordered Variables

关联变量	冠名出资大小	
	γ 统计值	Spearman 相关系数
年　龄	0. 158	0. 115
文化程度	0. 064	0. 043
人均收入	0. 578	0. 412
对小区空气满意情况	0. 246	0. 166
户外锻炼时间	0. 427	0. 312

表 6-7 有序变量的关联程度分析

Table 6-7 Analysis of Correlation Measurement of Ordered Variables

关联变量	购买绿化彩票		参加义务植树	
	γ 统计值	Spearman 相关系数	γ 统计值	Spearman 相关系数
年　龄	0. 273	0. 168	0. 142	0. 093
教育程度	0. 044	0. 026	-0. 575	-0. 388

6. 1. 2. 3 拟合的 Logistic 回归模型

根据关联性检验结果，利用 SAS 统计分析软件拟合并通过检验以下 logistic 回归模型：

（1）是否购买绿化彩票 V_{20} 与年龄有序关联度较大，建立愿意购买绿化彩票的 Logistic 回归模型是：Logit［P（V_{20} = 1）］ = 0. 23 - 0. 417AGE，Concordant 等于 47. 5%，Somers'D = 0. 204，Gamma = 0. 273，Tau - a = 0. 085，c = 0. 602，模型质量较好。

（2）通过前面分析发现是否同意冠名出资 V_{19} 与年龄、收入有关联，由于在 0. 05 的检验水平下，收入的作用是不显著的，只建立同意冠名出资关于年龄的模型 Logit［P（V_{19} = 1）］ = 1. 644 - 0. 559AGE，Concordant 等于 51. 2%，Somers' D = 0. 28，Gamma = 0. 377，模型质量较好。

（3）建立冠名出资大小 V_{191} 与年龄、收入、文化程度之间的多元

Logistic 回归模型，由于年龄、文化程度在 0.05 的检验水平下其作用是不显著的，得到每年冠名出资在 20 元以下的概率关于收入的 Logistic 回归模型：Logit［P（$V_{191}\leqslant 1$）］ = 3.199 - 1.015INCOME，得到每年冠名出资在 20 ~ 50 元之间的概率关于收入的 Logistic 回归模型：Logit［P（$V_{191}\leqslant 2$）］ = 4.968 - 1.015INCOME，得到每年冠名出资在 50 ~ 100 元之间的概率关于收入的 Logistic 回归模型：Logit［P（$V_{191}\leqslant 3$）］ = 5.898 - 1.015INCOME。Concordant 等于 54.4%，Somers' D = 0.393，Gamma = 0.567，Tau - *a* = 0.208，*c* = 0.697 等 4 个指标值较高，表明模型有较高的预测能力。

（4）参加义务植树 V_{21} 与教育程度、收入等 2 个变量有关联，由于在 0.05 的检验水平下，收入的作用是不显著的，将该变量从模型中剔除，得到参加义务植树的 Logistic 回归模型是：Logit［P（$V_{21}=1$）］ = -2.754 + 0.926CULTURE，Concordant 等于 58.3%，Somers´D = 0.426，Gamma = 0.575，Tau - *a* = 0.214，*c* = 0.713 等 4 个指标值较高，表明模型有较高的预测能力。

（5）改善城市生态环境出资大小 V_{241} 与收入、户外锻炼时间 V_6 等 2 个变量有关联，由于在 0.05 的检验水平下，户外锻炼时间 V_6 的作用是不显著的，将该变量从模型中剔除。得到居民选择出资 20 元以下的 Logistic 回归模型：Logit［P（$V_{241}\leqslant 1$）］ = 0.932 - 0.677 INCOME，居民选择出资 20 ~ 50 元之间的 Logistic 回归模型：Logit［P（$V_{241}\leqslant 2$）］ = 2.976 - 0.677 INCOME，居民选择出资 50 ~ 80 元之间的 Logistic 回归模型：Logit［P（$V_{241}\leqslant 3$）］ = 4.498 - 0.677 INCOME，居民选择出资 80 ~ 100 元之间的 Logistic 回归模型：Logit［P（$V_{241}\leqslant 4$）］ = 5.563 - 0.677 INCOME。Concordant 等于 45.7%，Somers'D = 0.231，Gamma = 0.338，Tau - *a* = 0.155，*c* = 0.616 等 4 个指标值一般，表明模型有一般的预测能力。

（6）改善城市生态环境支付形式 V_{24} 与年龄、收入、文化程度等 3 个变量有关联，由于在 0.05 的检验水平下，文化程度的作用是不显著的，将文化程度从模型中剔除，得到拒绝支付的多元 Logistic 回归模型：Logit［P（$V_{24}=0$）］ = -3.632 + 0.42AGE - 0.613INCOME，Concordant 等于 61.0%，Somers'D = 0.311，Gamma = 0.343，Tau - *a* = 0.210，

$c=0.656$ 等4个指标值一般，表明模型有一般的预测能力。

6.1.3 基于关联分析的居民自愿供给调查结论

根据以上分析结果，得到如下结论：

（1）在 $\alpha=0.05$ 的情况下，利用 χ^2 检验法，根据表6-4的卡方检验显著性概率值，发现年龄与改善城市生态环境支付形式、是否购买绿化彩票有关联；文化程度与改善城市生态环境支付形式、是否参加过义务植树有关联；人均收入与冠名出资大小、改善城市生态环境支付形式及出资大小有关联；日户外锻炼时间与出资大小、出力大小有关联。

（2）在 $\alpha=0.05$ 的情况下，利用 Mentel-Haenszel 检验法，根据表6-5的 Mantel-Haenszel 卡方检验显著性概率值可以得出以下结论：年龄与是否同意冠名出资、是否购买绿化彩票有关联；文化程度与是否参加过义务植树有关联；人均收入与是否同意冠名出资、是否参加过义务植树有关联。

（3）根据表6-6关联度分析，发现年龄与支付形式属于正关联，年龄越大，越倾向于选择出力和拒绝支付，而且倾向于少出力；人均收入越高，越倾向于选择出资，同时越倾向对冠名的大额出资，而且与冠名出资大小关联度很大；对小区空气越不满意，越倾向在冠名方面多出资；户外锻炼时间越长，越倾向于多出资。

（4）在调查中发现，近年来政府增加了对生态环境建设的投入，但也存在着由于缺少居民的参与、运行成本太大和政府负责人的更换而导致不能继续投入人力、物力去维护的现象，最终造成了先期投入的国家资金的浪费。

6.2 基于聚类分析的城市森林生态服务的自愿供给方式研究

通过对牡丹江市居民参与城市森林建设的意愿进行调查分析，可以为确定城市森林管理体系的目标指标、判定影响居民出资参与城市森林建设的重要影响因素及可能出资额度提供重要依据。

6.2.1 牡丹江城市森林总体概况

牡丹江市位于黑龙江省东南部，建成区面积 $60.4km^2$，总人口268.2万人，城市园林绿地面积 $6\ 029hm^2$，公共绿地面积 $432hm^2$，建成区绿地覆盖率 44.5%，人均公共绿地 5.5m^2。建成区周边现有耕地 30.8 万 hm^2，有宜林宜农荒地 384.6 万亩，林地 4 562 万亩，活立木储量 2 亿多 m^3，是水曲柳、黄菠萝、胡桃楸“三大硬阔”之乡，也是国家红松母树林基地。中国独有的火山熔岩堰塞湖——镜泊湖，为国家重点风景名胜区。镜泊湖“地下森林”是世界著名的“火山口”原始森林，为国家级森林公园。

牡丹江市目前城市森林建设存在的问题主要有：

（1）由于缺少森林生态学和城市生态学原理的指导，没有科学地进行规划设计。生态环境建设的系统性、整体性不够强，而且只注重城市美化，忽视服务于城市的森林生态体系建设和城市生态多功能需求。

（2）对绿地生态效益重视不够，绿化体系亟待完善。草坪、花卉、低灌木所占的比重较大，而忽视了绿化体系最佳生态效益的发挥。不重视植物的生物学和生态学特征，导致生态效益低下。

（3）土地问题是制约建成区生态环境建设的主要因素。城市森林应该由城区的绿地和城郊的森林两部分组成，牡丹江的城市森林覆盖率主要由城郊森林构成，虽然不乏城郊防护林及森林公园的建设，但是人口密集的中心地区的城市绿化用地十分紧张，建成区城市绿化只能“见缝插绿”，未能形成一定的规模和体系。

（4）资金问题也是制约建成区生态环境建设的一大因素。随着城市园林建设速度的加快和绿地面积的增加以及绿化综合要求的提高，园林绿化建设资金问题仍然存在很大的缺口，而且重造轻管的现象仍然严重，由于缺少维护而造成较大的浪费。

6.2.2　调查研究方法与问卷设计

本文采用条件价值评估法调查居民参与城市森林生态服务自愿供给的支付意愿，对调查数据进行描述性统计分析和影响居民参与城市森林建设因素的关联性分析，找出影响居民参与情况的因素。在分析居民本质属性对出资情况的影响基础上，进一步分析了居民关于城市森林建设的态度、居民对所处环境的满意度等因素对居民支付意愿的影响情况，并在聚类分析结果的基础上进行 Logistic 回归模型分析。

本次调查以家庭为单位发放“居民参与城市绿化建设的调查表”90 份，收回有效问卷 81 份。为减少抽样和其他系统偏差，调查样本从全市四类街道中分别抽取，再在每个社区随机抽取一个单元的每户家庭。考虑到被调查者的文化程度和对专业术语的理解情况，所设计的问卷内容尽量用简单、直接的方式进行表述。

本次调查问卷的设计分为两部分。第一部分是被调查者的机体变量，包括年龄、职业、经济状况等，用来决定样本的代表性。第二部分是被调查者的反映变量，即对调查的理解、态度、期望、行为等，具体包括：居民环境意识、社区环境质量满意度和社区环境支付意愿等。调查问卷中设计的答案多数为定性的答案，且存在着有序的等级水平，如为了估算居民对维护和改善所在社区环境的支付意愿，在问卷中设计了这样一道题目："在承诺达到相应绿化指标的情况下，您是否同意街道或物业公司统一向居民征收小区绿化费，用以改善小区绿化状况"，并请被调查者选择出资情况。问卷设置了六个等级型的资金数额供选，分别为：（LOW，5]，（5，10]，（10，30]，(30，60]，(60，100]，(100，HIGH)。为了便于 SAS 系统进行各种数据分析，在将这些调查数据输入 SAS 系统时，必须将这样的指标数量化，将答案（LOW，5］赋值'1'；答案（5，10］赋值'2'；答案（10，30］赋值'3'，以此类推。

6.2.3 结果与分析

6.2.3.1 描述性统计分析结果

首先输入数据形成 SAS 数据集，然后进行描述性统计分析。表 6-8、表 6-9、表 6-10、表 6-11 分别为反映居民本质属性、环境意识、环境态度以及预期环境行为各项目的取值及分布情况。

表 6-8 调查问卷中有关居民本质属性的项目构成表

Table 6-8 Items in Questionnaire on Information of Residents in Survey

项目名称	项目取值及分布情况（%）					
	0	1	2	3	4	5
教育程度	小学 6.17	初中 14.81	高中 33.33	大学 40.74	研究生 4.94	
家庭人均月收入（元）	LOW ~ 600 18.52	600 ~ 1 000 34.57	1 000 ~ 1 500 16.05	1 500 ~ 2 000 20.99	2 000 ~ 3 000 7.41	3 000-HIGH 2.47
日户外锻炼时间（小时）	0 3.7	0 ~ 0.5 23.46	0.5 ~ 1 37.04	1 ~ 2 29.63	2 ~ 3 4.94	3-HIGH 1.23

表 6-9　调查问卷中有关居民日常生活环境意识的项目构成表

Table 6-9　Items in Questionnaire on Residents´Recognition of Environment

项目名称	项目取值及分布情况（%）			
	0	1	2	3
对居住城市空气情况看法	明显好转 0	略有好转 19.75	没有变化 65.43	恶化 14.81
对居住小区空气质量看法	很好 0	一般 43.21	较差 46.91	很差 9.88
对小区绿化水平看法	最好 0	良好 13.58	一般 80.25	较差 6.17

表 6-10　调查问卷中有关居民环境态度的项目构成表

Table 6-10 Items in Questionnaire on Residents' Attitude towards Environment

项目名称	项目取值及分布情况（%）			
	0	1	2	3
对小区绿化的关注情况	很关注 49.38	一般 50.62	不关注 0	
对小区空气质量满意情况	满意 1.23	比较满意 16.05	比较不满 62.96	不满意 19.75
进一步改善小区空气质量的愿望	强烈 81.48	一般 13.58	无所谓 4.94	

表 6-11　调查问卷中有关居民环境行为的项目构成表

Table 6-11　Items in Questionnaire on Residents' Behavior on Environment

项目名称	项目取值及分布情况（%）				
	0	1	2	3	4
为小区绿化作贡献形式	出资又出力 67.90	仅出资 16.05	仅出力 14.81	不做贡献 1.23	
每人每年具体同意征收小区绿化费金额（元）	LOW-5 4.94	5～10 22.22	10～30 55.56	30～60 17.28	60-HIGH 0.00
每年树木冠名筹集资金情况（元）	LOW-20 8.64	20～50 59.26	50～100 29.63	100～200 2.47	200-HIGH 0.00
购买绿化彩票	购买 76.54	不购买 23.46			
投资屋顶花园	同意 60.49	不同意 39.51			

6.2.3.2 关联性分析结果

下面分别分析反映居民本质属性、环境意识、环境态度的变量与环境行为变量之间的相关性。

首先，针对要分析的变量都是有序等级变量的情况，可以采用斯皮尔曼等级相关公式计算居民出资情况与各个因素是否存在相关性，由于居民为绿化作贡献形式变量与各变量无明显相关性，将其从表中剔除。然后对有关联的变量计算其相关系数，得到的具体相关系数以及“Prob > | r | under H0：Rho = 0”的概率值 p 见表 6-12 至表 6-14。

表 6-12 居民本质属性与居民出资情况等级变量的关联程度分析

Table 6-12 Correlation Analysis on Residents' Character and Payment Ordinal Variables

有序变量	每人每年同意征收小区绿化费金额		树木冠名筹集资金	
	P 值	Spearman 相关系数	P 值	Spearman 相关系数
人均月收入	<.000 1	0.505 04	0.00 02	-0.406 35
教育程度	0.044	0.255 48	0.056 3	-0.212 92
户外锻炼时间	0.684 4	-0.045 85	0.746 7	0.036 44

表 6-13 居民环境意识与居民出资情况等级变量的关联程度分析

Table 6-13 Correlation Analysis on Residents' Recognition of Environment and Payment Ordinal Variables

有序变量	每人每年同意征收小区绿化费金额		树木冠名筹集资金	
	P 值	Spearman 相关系数	P 值	Spearman 相关系数
对居住城市空气情况看法	0.796 6	-0.029 09	0.135 3	0.167 38
对居住小区空气质量看法	0.318 1	0.112 33	0.340 9	-0.107 19
对小区绿化水平看法	0.039 7	-0.229 02	0.200 7	0.143 67

表 6-14 居民环境态度与居民出资情况等级变量的关联程度分析

Table 6-14 Correlation Analysis on Residents' Attitude towards Environment and Payment Ordinal Variables

有序变量	每人每年同意征收小区绿化费金额		树木冠名筹集资金	
	P 值	Spearman 相关系数	P 值	Spearman 相关系数
对小区绿化的关注情况	0.607 0	−0.058 00	0.254 7	0.128 03
对小区空气质量满意情况	0.013 6	−0.273 06	0.484 9	−0.078 71
进一步改善小区空气质量的愿望	0.321 8	−0.111 48	0.429 4	0.089 01

对于部分有序变量数据的测量是采用克莱姆的 V 系数。用 V 系数大小反映样本的相关系数大小，并用“行变量与列变量相互独立”假设下，由皮尔逊卡方和自由度计算出的概率值，来确定推论到整体的情况。表 6-15 所示“标称-标称”变量的关联程度分析表。

表 6-15 部分有序变量的关联程度分析表

Table 6-15 Correlation Analysis on “Nominal-nominal” Variables

有序变量	购买绿化彩票		投资屋顶花园	
	P 值	Cramer's V	P 值	Cramer's V
教育程度	0.516 4	0.200 4	0.707 9	0.163 0
人均月收入	0.204 5	0.298 6	0.561 5	0.219 9
户外锻炼时间	0.001 2	0.498 4	0.374 2	0.257 1
对居住城市空气情况看法	0.050 9	0.272 0	0.092 9	0.242 2
对居住小区空气质量看法	0.315 0	0.168 9	0.903 6	0.050 0
对小区绿化水平看法	0.002 5	0.384 9	0.131 6	0.223 8
对小区绿化的关注情况	0.071 5	0.255 4	0.202 7	0.141 6
对小区空气质量满意情况	0.117 9	0.269 3	0.344 6	0.202 5
改善小区空气质量的愿望	0.211 2	0.195 9	0.472 8	0.136 0

6.2.3.3 居民出资情况的聚类分析结果

采用斯皮尔曼等级相关公式分析反映居民本质属性的变量与环境行为变量之间的相关性，得出居民的出资情况受居民本质属性中家庭人均月收入以及受教育情况的影响，可以根据这两个影响因素对居民进行聚类分析，从而得到各类居民的一些特点和规律，有利于了解牡丹江市居民的整体情况，方便政府对同类的居民制定相近的城市森林建设措施。

运行 SAS 系统的 proc cluster 过程，经比较选择使用 ward 法进行聚类分析，得出如表 6-16 所示聚类历史。

表 6-16 ward 法对居民逐步聚类的过程

Table 6-16 Cluster Process by Means of Ward Method

聚类历史 Cluster History								
聚类数	每次聚类的居民		统计量					
			FREQ	SPRSQ	RSQ	PSF	PST2	TIe
⋮	⋮		⋮	⋮	⋮	⋮	⋮	
14	CL65	OB35	4	0.003 5	0.991	578.0		
13	CL19	CL14	6	0.006 5	0.985	363.0	7.6	
12	CL60	CL61	7	0.006 6	0.978	280.0		
11	CL20	OB14	6	0.007 7	0.970	229.0		T
10	CL23	CL15	6	0.007 7	0.963	204.0	10.0	
9	CL16	CL11	8	0.010 2	0.953	181.0	6.1	
8	CL40	CL22	21	0.021 5	0.931	141.0		
7	CL2	CL13	16	0.025 4	0.906	118.0	35.7	
6	CL12	CL21	16	0.027 4	0.878	108.0	58.3	
5	CL17	CL10	20	0.031 2	0.847	105.0	52.2	
4	CL5	CL9	28	0.057 6	0.789	96.2	24.1	
3	CL8	CL6	37	0.072 5	0.717	98.8	45.8	
2	CL4	CL7	44	0.139 0	0.578	108.0	37.6	
1	CL2	CL3	81	0.577 9	0.000		108.0	

通过对表 6-16 的 PSF、PST2 统计量的变化情况的分析，得出分为 4 类是比较合适的。第一类居民家庭平均月收入以及文化程度均属较高水平，属于这一类的居民共有 28 个，占被调查总数的 34.57%；第二类居民家庭平均月收入水平较低，但文化程度较高，这一类型的居民共有 16 个，占被调查总数的 19.75%；第三类居民收入水平较低，文化程度属中等水平，属于这一类型的居民共有 21 个，占 25.93%；第四类包含的居民人均收入及教育水平均属于低水平，共有 16 个，占 19.75%。

6.2.3.4 居民出资概率的 Logistic 回归分析

建立居民出资概率的 Logistic 回归模型的目的是通过一个城市的人均月收入情况及受教育情况来制定针对不同类型居民出资额度，为开展城市森林生态效益经济补偿政策提供可行性分析依据。

通过上面的聚类分析，发现牡丹江市居民根据与出资情况有关联的文化程度、人均收入水平可以分为 4 类，各类居民的出资情况分布如表 6-17 所示。

表 6-17 各类居民出资情况构成表

Table 6-17 Table of Different Types of Residents' Willingness to Pay

居民类别 A	不同出资额的人数			
	5 元以下	5 ~ 10 元	10 ~ 30 元	30 元以上
第一类（$A_1=1$、$A_2=0$、$A_3=0$）	0	2	14	11
第二类（$A_1=0$、$A_2=1$、$A_3=0$）	0	5	10	1
第三类（$A_1=0$、$A_2=0$、$A_3=1$）	2	10	8	1
第四类（$A_1=0$、$A_2=0$、$A_3=0$）	2	1	12	1

选取居民类别作为自变量，同意出资金额作为因变量建立回归模型。对于因变量为有序分类资料的数据，应采用有序资料的 Logistic 回归分析。居民类别为 4 值有序变量，故将模型中引入 3 个哑变量 A_1、A_2、A_3。输出结果中变量 A_2 的留在模型里的作用是否显著的 p 值为 0.674 4，在 0.05 的检验水平下其作用是不显著的，故将 A_2 从模型中剔除，得到同意征收小区绿化费的三个 Logistic 回归模型，分别用于计算出资 5 元以内的概率（p_1）、出资 10 元以内的概率（p_2）、出资 30 元以内的概率（p_3）与出资 30 元以上的概率（$1-p_3$）。回归模型如下所示：

$$p_1=\frac{e^{-3.1520-1.9048A_1+1.1417A_3}}{1+e^{-3.1520-1.9048A_1+1.1417A_3}} \tag{1}$$

$$p_1=\frac{e^{-0.9515-1.9048A_1+1.1417A_3}}{1+e^{-0.9515-1.9048A_1+1.1417A_3}} \tag{2}$$

$$p_1=\frac{e^{2.32995-1.9048A_1+1.1417A_3}}{1+e^{2.3299-1.9048A_1+1.1417A_3}} \tag{3}$$

模型参数估计值在 0.05 的检验水平下其作用是显著的。模型的“score”检验结果：$P = 0.6954 > 0.05$，说明数据适合用 Logistic 回归分析。模型拟合及检验结果：$P = 0.0001$，说明模型所考虑的协变量是有意义的。具体计算出资概率过程如下：

（1）若令 $A_1 = 1$、$A_3 = 0$ 代入模型，就是聚类形成的第一类中的居民出资 5 元以内、出资 10 元以内、出资 30 元以内、以及出资 30 元以上所对应的概率。

（2）若令 $A_1 = 0$、$A_3 = 1$ 代入模型，就是第三类中的居民出资 5 元以内、出资 10 元以内、出资 30 元以内、以及出资 30 元以上所对应的概率。

（3）若令 $A_1 = 0$、$A_3 = 0$ 代入模型，就是第二类或第四类中的居民出资 5 元以内、出资 10 元以内、出资 30 元以内、以及出资 30 元以上所对应的概率。这说明第二类和第四类差别并无显著性意义。

最后得到的各类型居民不同额度的出资概率如表 6-18 所示。

表 6-18 各类型居民不同额度的出资概率表

Table 6-18 Probability table different types of residents' willingness to pay

居民类别	出资 5 元以内的概率（p_1）	出资 5～10 元的概率（$p_2 - p_1$）	出资 10～30 元的概率（$p_3 - p_2$）	出资 30 元以上的概率（$1 - p_3$）
第 1 类	0.006 3	0.048 1	0.550 3	0.395 3
第 2、4 类	0.041 0	0.237 6	0.632 7	0.088 7
第 3 类	0.118 1	0.429 3	0.422 5	0.030 1

6.2.4 基于聚类分析的城市森林生态服务自愿供给方式的调查结论

（1）从调查结果表 6-8 至表 6-11 可知，牡丹江市居民具有较强的日常生活环境意识，但居民环境知识、环境态度和环境行为之间并不协调。

（2）对表 6-12 中“Prob > | r | under H0：Rho = 0”的概率值 p 分析可知，居民绿化出资金额、树木冠名出资金额与人均月收入的 p 值分别为：$p < 0.0001$，$p = 0.0002$，均非常显著，因此有理由拒绝“相关系数是 0”的假设；绿化出资与教育程度的概率值 $p = 0.0213 < \alpha = 0.05$，因此认为相关。由此可以认为，文化程度、人均收入都与绿化出

资情况有关联，户外锻炼身体时间则与其无关；人均月收入与树木冠名出资金额有关联，教育程度及户外锻炼时间均与树木冠名出资金额无关。

（3）通过对表6-12 相关系数分析发现：文化程度、人均收入都与绿化出资情况呈现斯皮尔曼等级正相关，分别为0.505 和0.255，也就是说，随着文化程度的提高和人均收入的增加，居民愿意为小区绿化出资的金额也将越来越高。根据相关系数的大小，还可以得出人均月收入与绿化出资情况的关联度高于受教育程度与绿化出资情况的关联度的结论；而人均月收入与树木冠名出资金额呈现斯皮尔曼等级负相关，相关系数为 -0.406 35，也就是说，随着人均收入的增加，居民为树木冠名而出资的金额越少。

（4）同理，对表6-13、表6-14 分析得出，居民对所在小区绿化水平的看法与为小区绿化出资呈现等级负相关，即居民越是认为所在小区绿化情况差，越是愿意为小区绿化出较高的金额；居民对小区空气的满意情况也与绿化出资呈现负相关，即对小区空气质量越不满意，越愿意为小区绿化出较高的金额。

（5）由表6-15，居民对小区绿化水平看法与是否愿意购买绿化彩票的克莱姆 $V=0.3849$，说明被调查小区的居民是否愿意购买彩票与其对小区绿化水平的看法有较强的关系，同时在原假设下的显著性水平 $\alpha=0.05$ 的情况下，$P=0.0025<\alpha$，说明列联表的行变量与列变量相关，因此可以得出居民是否愿意购买绿化彩票与居民对小区绿化水平看法相关的结论；居民是否愿意投资屋顶花园与各变量均不存在相关性。

（6）从表6-18 可看出第一种类型的居民有 95% 愿意出资 10 元以上的金额用于小区绿化；第二和第四类的居民比较倾向于选择 10～30 元的出资金额；第三类的居民有 85% 选择出资在 5～30 元，概率较高。

6.3　城市森林生态服务自愿供给方式的运行机理

由于居民本质属性的不同，其支付意识有较大的差异，可以通过文化程度和人均月收入水平这两个主要影响因素对小区居民进行聚类分析，找出不同类型居民参与自愿供给的行为规律，为政府制定合理的居民参与城市绿化建设政策提供依据。自愿供给方式的运行机理如下：

（1）居民参与城市森林建设与其经济收入水平、文化程度等因素存在明显的相关关系。因此，要引导受益的城市居民对生态环境进行补偿支付，不仅要加强环境宣传教育，而且在居民的经济收入水平提高的情况下要加强政府的引导和控制，从而提高居民的参与程度。

（2）应加强环境教育的力度，努力提高宣传教育的社会效益。一是要加强对各级政府、企事业单位、社会团体领导人的环境教育，尤其是对决策层的教育；二是把环境意识教育规范化、制度化；三是继续通过电视、广播、报刊等新闻媒体，加强贴切公众日常生活的环境宣传和教育；四是增加环境宣传教育的资金投入，确保环境宣传教育落到实处。

（3）公众对森林环境服务重要性的认识、对森林环境服务收费的态度也间接地影响了其支付意愿的大小。因此要注重把森林环境服务保护的重要性与公众的切身利益相结合，增强公众的受益感，以提高公众的支付意愿。

（4）为了实现城市生态的良性循环和人居环境持续改善的目标，需要广大市民积极参与植树、种花、种草、冠名认养树木、认建公共绿地活动，这些活动属于社会公益事业，有利于培养城市居民良好的环保意识。

（5）现代经济理论中的合理性假设通常要结合诸如“不确定行为的预期效用”及“合理预期”等概念，并非严格意义下的合理性假设。由于非理性的心理和文化模式会支配许多决定的产生。有时并不依靠理性推理，而是直观判断。文化模式和价值观念在处理环境问题时扮演着非常重要的角色，它们在信息获取和个人推理的过程中扮演着了过滤器的角色，导致个人会主动搜寻符合自身意识形态的信息（Joachim Sell 等，2006）。因此，可以通过开展环境保护的宣传教育来营造良好的全社会参与城市森林生态服务供给的氛围。

6.4 本章小结

通过在哈尔滨市进行的居民参与城市森林生态服务的自愿供给调

查，利用关联分析方法找出居民参与城市森林生态服务自愿供给的影响因素，拟和居民出资概率的 Logistic 回归模型。通过在牡丹江市进行居民参与城市森林生态服务的自愿供给调查，利用关联分析方法分析了居民出资的影响因素，利用聚类分析方法将居民划分为四种类型，并计算出各类居民的出资概率情况。

7

城市森林生态服务非政府供给的居民参与行为模式分析

为了实现居民参与城市森林生态服务供给的目标，需要居民之间保持互惠合作、接受制度约束并借助于政府干预的力量，才能实现更多的居民参与城市绿化建设的效用目标。为此，需要开展城市森林生态服务非政府供给的居民参与行为模式研究。

7.1 关于“经济人”及人类经济行为的认识

7.1.1 关于“经济人”的认识

自亚当·斯密提出人是“经济人”以来，经济人假说经历了“古典经济人”、“新古典经济人”和“新经济人”几个发展阶段。经济人假说是一个相当有效的分析人类经济行为的工具，然而，由于长期接受经济人“自利性”假说并把这种自利性局限于经济自利的范围之中，带来对人性与人类行为认识的很大局限性。传统的经济人观点认为人是完全理性的、纯粹利己的、追求自身经济利益最大化的人。近年来，经济学家们不断修正对经济人行为内涵的认识与假定，陈惠雄根据经济人的最大（效用）/最小（成本）行为原则，把经济人理解为“节约人”，认为更能够体现人在经济活动中的本质属性，体现经济人概念的原意，也更加能够体现人类经济行为的基本规律（陈惠雄，2005），这些修正对经济人行为的解释力不断增强。事实上，由于人类需要的多层次性及其所包含的荣誉、友谊等非经济利益的内容，以及人类经济活动中经常包含的一些健康、道德和公平等目标，因而现代新经济人观点认为人是有限理性的、利己与利他相统一的、追求个人效用最大化的人。这一解释使得经济人行为目标的涵盖比“经济利益”更为宽泛，包括非经济因素。在经济人实现效用最大化目标的过程中，同样会包括利他主义的内容，这在某种程度上补充了利己一致性假设的不足，很多学者将利己与利他性皆置于利己一致性的解释框架内（杨春学，2005；陈惠雄，2006）。

从广义上讲，效用是某种需要得到满足之后的一种心理状态，为了实现自身需要可能采取经济行为、道德行为、情感行为以及宗教信仰行为等各种行为，这更符合现实经济人的行为状况（叶航等，2005）。所以，人类经济行为的动机不仅仅只是理性和自利，还有情感、价值观和包括认同、身份等“社会目标”在内的成分。

一般来说，处于较低需求层次的人，他的经济利己性更明显，处于较高需求层次的人，他的非经济利己性更趋明显。对人性的客观认识拓展了关于经济人行为认识的新视野，也有利于对人类行为的系统性认识。

7.1.2　对有关人类现实经济行为的认识

7.1.2.1　对人类的选择行为的认识

性别、职业、文化等方面的不同而造成人们在策略行为和社会性偏好方面的差异，因而形成经济人不同的偏好结构。其内在的偏好结构，决定了他对不同目标的价值评价，而意识形态和制度环境可以通过改变人们的偏好体系，从而影响个人的自利选择（倪秋菊等，2004）。

人们在风险条件下的选择行为，不仅与不同行动方案的预期效用有关，而且会由于用不同的方式进行描述而选择不同的参照点。由于描述的不同而建立不同的框架，因而产生不同的反应，这种现象称作为“框架效应”，如不同的打折促销广告描述，人们喜欢在一定价格基础上打折，厌恶在一定价格基础上追加额外费用。

人们在经济活动中的决策还要受到决策者的“现状偏见”影响。1988年萨缪尔森和塞克豪斯对金融投资和政策选择等问题中的选择问题进行了研究，并指出“现状偏见”是人们做选择时普遍存在的，并设计了许多不同的关于选择的实验，通过回归分析测出了这个“现状偏见”为0.17，其含义是人们选择保持现状的比例平均高出选择改变的比例为17%（Samuelson W. 等，1988）。另外，对大风险和小风险厌恶的程度不一样的。不仅人们对待同一事件的风险评价具有很大的差异性，而且一个人面临不同的情形，也会产生不同的风险厌恶程度，具体来说就是在面对“获得”时往往可能厌恶风险，但面对“损失”时却常常喜好风险。

在心理学中研究选择行为的相关文献表明，如何对被选择物进行描述和限定也可以影响选择行为，因为不同的描述会导致人们选择不同的参照点。在最后通牒博弈中让提议者去考虑“你希望回应者怎样去选择，同时也要考虑回应者希望你去怎样出价”。这些“促进式的引导”使得提议者出价上升了5%～10%，因为这些引导使得提议者对被拒绝更为担心（Elizabeth H. 等，2000）。

7.1.2.2 对人类产生利他行为动机的认识

利他行为是人们在短时间内可能做出一些个人牺牲，从而有利于他人的行为。利他行为是由利他动机支配的，利他动机是由利己动机引起的，而利己动机又是由实现利己的需要引起的，利他行为的方向是寻求利己目标的实现、满足利己的需要。短期的利他行为是手段，长期的利己是目的，这里说的利己包括物质和精神两方面对行为人自身有利。社会学把生物的“利他行为”分为以下三种：“亲缘利他”、“互惠利他”和“纯粹利他”。亲缘利他是指有血缘关系的生物个体不怀有任何“功利”的目的而为自己的亲属提供帮助或做出牺牲。“亲缘利他”在人类社会是一种非常稳定、非常普遍的行为模式。互惠利他是指没有血缘的生物个体为了日后得到回报而相互提供帮助。互惠利他行为在人类社会是基于狭义的利己动机而产生的，是构建了社会信任与社会公平的基础。纯粹利他是指利他主义者实施利他行为时不追求任何个体的“回报”，而只注重个人精神的满足。纯粹利他行为是基于广义的利己动机而推动的，这种行为在社会生活中被称为“道德”。行为经济学认为，互惠性是人类利他行为的动机之一，即对方采取合作的态度时，人们也更愿意合作，而当其他人不愿意牺牲时，人们也不愿意牺牲自身利益来达到一个公正的结果，同时人们也具有首先采取合作的态度来达到合作目的的偏好（董志勇，2005）。互惠中有一种两败俱伤的情形，即消极互惠。消极互惠是指由于一方要达到更多的目的而损害另一方的利益，最终导致自身长期或短期的利益同样受到损害。例如，在最后通牒博弈中回应者通过牺牲自身利益来报复不公平地对待自己的提议者，以此回应不公平的行为（Camerer C，2006）。这种对公平的偏好情况受到价值观、文化准则的影响。

7.2 公众参与形式及公众认知对参与的影响

7.2.1 公众参与形式及环保活动

公众自愿参与一项活动的前提条件是该活动能够得到公众价值观的认同、符合公众的非物质需求偏好（在具备一定经济条件的情况下，追求心理需求满足的倾向）和公众参与的渠道畅通。公众参与形式主要有：环保 NGO 组织（NGO 即非政府组织，是以促进国家经济和社会发展为己任的组织）、非组织形式的社区或个人以及媒体参与。参与的环保活动主要包括：

（1）志愿者（出于自身得责任感自愿从事公益事业、贡献个人时间及精力的人）环保活动有：环保宣传、义务帮助环保组织工作，参加植树、宣传教育、清洁环境、筹款组织等公益活动。

（2）慈善捐助：环保非政府组织通过公众自愿捐款来筹集用于环保活动的资金。

（3）群体诉讼：公众的积极参与虽然取决于自身的道德意识，但也需要一定的物质条件和制度条件作为保障，群体诉讼是为解决多数人纠纷所设计的一种当事人诉讼制度，作为因环境污染和公众受害而发生的群体诉讼（戴星翼等，2005）

7.2.2 公众关于环境的认知对参与的影响

公众的参与行为受到他们对环境的态度和他们的环保意识的直接影响。通过宣传教育使公众掌握一定的生态环境知识和获取环境状况信息，这将促进公众的积极参与。Silvano 等（2005）学者在发表的《管理建议——基于无污染河流和当地农民认知调查的巴西大西洋森林流域全面生态评估》论文中指出：当生态系统服务在不同空间尺度上提供效用时，保护生态系统的决定往往取决于当地民众。通过对当地土地所有者有关生态系统服务的认识进行了解，不仅对设计有效的环境保护机制有所帮助，还能获得当地出资者的支持。在这篇文章里研究者利用标准的科学评估和当地出资者的生态学知识，来获取有关大西洋森林流域生态完整性以及它所提供生态系统服务的信息。在巴西 Macabu 流域做了一个小规模的案例研究，通过对当地出资者开展环境认知的面访调查进行流域生态完整性的实地评估，结果表明，当地农民具备例如维持供水和适宜的气候条件等关于环境和森林生态系统服务的生态学知识，但倾向于高估流域的生态完整性。该研究结果表明，直接使用价值、机会成本和象征市场失灵的信息不对称都会明显地更强烈地影响农民关于环境状况以及森林流域生态完整性的认识。只有通过充分地告知农民有关于生态系统服务功能及沿岸森林可能存在的经济优势，才能克服这种市场失灵。

7.3 居民参与城市森林生态服务供给行为的调查比较分析

居民参与城市森林生态服务供给的行为是指居民为满足自身的生态消费需要而进行的出资、出力等方面的各种行动。居民参与城市森林生态服务供给的行为与所在城市的生态环境状况密切相关，其行为模式总体上可分为出资行为模式和出力行为模式。

在哈尔滨市进行了两次抽样调查。第一次调查于 2005 年 9 月在哈尔滨成片森林周边居民区进行随机取样，共发放问卷 460 份，获得有效问卷 452 份。第二次调查于 2007 年 1 月在哈尔滨市内进行的入户面访调查采取分层抽样方法，共发放问卷 135 份，获得有效问卷 132 份。

7.3.1 居民参与城市森林生态服务供给行为的对比分析

7.3.1.1 受访居民总体情况

2005 年城市森林周边地区受访居民人均月收入 933.6 元，日户外锻炼时间 0.75 小时，66% 的居民认为城市空气质量有所好转，96% 的居民认为需要加强城市森林投入，91.6% 的居民愿意为改善城市生态环境做贡献。

2007 年远离城市森林受访居民人均月收入 983.05 元，日户外锻炼时间 0.96 小时，82.6% 的居民同意征收小区绿化费，17.4% 的居民不同意征收小区绿化费；50% 的居民参加过义务植树活动；40.2% 的居民知道《中华人民共和国森林法》规定公民有植树义务，59.8%的居民不知道；96.9%的居民愿意为改善城市生态环境做贡献。

7.3.1.2 受访居民出资情况

2005年城市森林周边地区70.6%的受访者愿意出资（人均33.2元/年），其中包括61.7%的既出资又出力的居民。每年每户出资分布情况：10元以下占23.8%，10~30元占32%，30~50元占20%，50元以上占24.2%。

2007年远离城市森林地区66%的受访者愿意出资（人均20.88元/年），其中包括40.2%的既出资又出力的居民。每人每年具体征收小区绿化费10.55元，每年每处冠名筹集的资金是27.18元，每年出资20元以下比例为66.7%，20~50元比例为24.1%，50~80元比例为5.7%，80~100元比例为2.3%，100元以上比例为1.2%，

7.3.1.3 受访居民出力情况

2005年城市森林周边地区80.3%的受访居民愿意出力（5.5h/年），其中包括61.7%的既出资又出力的居民，每年出力分布情况是：2小时内占30.9%，2~4小时占22.9%，4~6小时占12.9%，6小时以上占33.3%。

2007年远离城市森林受访居民72%以上的受访者愿意出力(8.57h/年)，其中都包括40.2%的既出资又出力的居民。

7.3.1.4 受访居民拒绝参与情况

2005年城市森林周边地区10.8%的受访者既不愿出资，也不愿出力，拒绝支付。2007年远离城市森林地区2.2%的受访者既不愿出资，也不愿出力，拒绝支付。

7.3.2 居民参与城市森林生态服务供给行为的对比分析结果

通过对比分析表明：居民人均月收入和每天户外锻炼时间逐年增加，愿意为改善城市生态环境做贡献的居民占总调查人数的比例在上升，居民拒绝支付的比例大幅下降，这些现象说明居民环保意识和自愿参与愿望的增强。

2005年调查分析结果：影响支付意愿的方式及支付大小主要有文化程度、人均收入两种因素，与人们的认识基本一致，文化程度越高的居民收入越高，从而越倾向于选择出资支付形式和较多的支付额，人均

月收入2 000元以上的居民选择出资的概率为54.35%，约是人均月收入600元以下居民出资概率28.01%的2倍。拒绝支付者文化程度多数为中学，月人均收入多数处于600元以下，年龄呈现25岁以下和60岁以上的两级态势，职业构成以离退休人员为主，其次是基层人员和学生。拒绝支付的主要原因是较低的收入和文化程度。

2007年调查分析结果：年龄越大，越倾向于选择出力和拒绝支付，而且倾向于少出力；人均收入越高，越倾向于选择出资，同时越倾向对小区绿化和冠名的大额出资，而且与冠名出资大小关联度很大；对小区空气越不满意，越倾向在冠名方面多出资；户外锻炼时间越长，越倾向于多出资。

通过对2005年和2007年的调查进行对比分析发现，在城市森林周边地区进行的调查结果是人均出资33.2元/年，在远离城市森林地区进行的调查结果是人均出资20.88元/年，出资金额下降较多，而且既出资又出力居民的比例由61.7%下降到40.2%。

7.4 居民参与城市森林生态服务供给的行为动因分析

要使更多的居民参与城市森林生态服务供给，就需要调动其积极性，人的积极性产生于自身的需要，受主观认识的调节和客观环境的制约，也受行为效果反馈作用的影响（孙成志，2006）。本文从以下三方面开展居民参与城市森林生态服务供给的行为动因分析。

7.4.1 基于期望效用理论角度的行为动因分析

居民作为城市森林生态服务的消费者，他对生态产品的消费观和消费习惯影响其参与城市森林生态服务供给的行为。居民的生态消费行为包含着他的情感体验偏好、经济理性、认知决策、社会角色、习惯行为、无意识动机等各种信息，是这些信息的有机合成。居民作为参与城市森林生态服务供给的直接受益者，其参与行为的直接目标是要获得更清新的空气和更多的使精神得到愉悦的绿色空间，间接目标是获得社会认可等精神方面需求的满足。

在追求城市森林生态效用最大化的过程中，在做出是否参与城市森林生态服务供给的决策时居民是有限理性人，人们在对未来进行决策时依据的是自己对未来生态效用的预期。生态消费效用即消费者在消费生态产品时所感受到的满意程度，包括两种效用：一种是生态产品获得效用，一种是生态产品交易效用。生态产品获得效用是对生态产品价值的测量，与价格有很大的关系。从经济学上讲，就是生态产品消费剩余，是在获得生态产品时对它的评估价值减去购买该生态产品的实际花费，如果政府多投入，个人实际花费将减少。生态产品交易效用是指由于某次生态产品交易的发生，而感觉到生态产品的价值变化，也就是实际交易中的价格与“参考价格”的差值，一般来说，“参考价格”指的是人们购买商品所能接受的价格。随着生活水平的提高和环保意识的增强，居民对城市森林生态服务的需求也日益提高，即产生较强的消费更多更好生态产品的需求。居民消费生态产品的获得效用大小取决于对良好空气质量的评估价值和个人实际投入大小，对良好空气质量的评估价值包括对身体健康带来的益处和精神愉悦方面的评价。居民消费生态产品的交易效用大小取决于实际支付大小和主观能接受的生态产品价格。如果居民收入较低以及环保意识很淡漠，则他对良好空气质量的评估价值就会很低，而对个人实际投入很看重，结果是他的生态产品获得效用很小，同时该居民认为应该无偿获得生态产品，即他所能接受的生态产品价格为零，那么要求该居民为所消费的生态产品支付时，他的交易效用将为负值，这样，他在消费生态产品时的综合生态效用将很小，甚至是负值。

7.4.2　基于人性角度的行为动因分析

很多实证分析表明，自愿供给公共品的动机是理性选择和利他主义的混合。自愿供给者由于受其价值观和意识形态的影响，利他主义与理性选择结果常常保持一致，因而自愿供给行为就会出现。从人性角度分析居民参与城市森林生态服务自愿供给的行为动因，可以归结为两方面：

一是内在的保持利己与利他相一致的动因。居民参与城市森林生态服务的自愿供给，不仅有助于公共生态环境的改善，而且居民自己也受益，同时满足自愿供给者的精神需求（有较高道德水准的人一般具有“保护环境人人有责”的意识），其效用是个人和他人福利的函数。虽然存在“搭便车”行为，但是超越自利的利他性选择可以导致自愿供给行为。

二是外部的良好的经济条件。有关研究表明，经济增长、收入水平与捐赠呈现明显的正相关关系（樊丽明，2005）。我国近20年来，城镇居民人均可支配的逐年增长和恩格尔系数的不断降低，都为居民的自愿供给提供了良好的经济条件。由于居民家庭人均收入差距的拉大，对于低收入家庭来说，在他们接受政府的最低生活保障救助的同时，也具有参与城市森林生态服务自愿供给的动机，限于经济条件，适合他们的参与形式是出力，直接参与城市绿化。

7.4.3 基于博弈论角度的行为动因分析

首先分析一个公共物品博弈，然后再分析居民参与城市森林生态服务供给的行为动因。该公共物品博弈内容是：n 个参与者同时决定他们的贡献量，第 I 个参与者的贡献量是 g_i，$0 \leqslant g_i \leqslant y$，其中 y 是参与者的秉赋；每一个参与者将得到的利益 $\pi_i = y - g_i + mG$，其中 G 是所有贡献量的总和，并且 $m < 1 < mn$。

传统经济学预测的结论：每一个参与者贡献量为零，也就是 $g_i = 0$。实际验证的情况是：在短期游戏中，游戏者贡献出 y 的大约一半。但是贡献量会随时间逐渐递减。大多数参与者将在最后一个时期内选择 $g_i = 0$。沟通能非常显著地增加合作的机会，对个人的惩罚性措施将会极大地提高贡献量。这项研究说明：互惠性偏好导致互惠性合作（Ledyard. John 等，1995）。

7.5 居民参与城市森林生态服务供给行为的概率分析

根据章第5.4.2和6.1.2的Logistic回归模型，利用Exel软件计算出居民参与城市森林生态服务供给的各种行为的概率分布情况如表7-1所示，居民拒绝参与的概率分布情况如表7-2所示。

居民参与城市森林生态服务供给的目的是为了获得良好的生态效用。在调查中，居民表现出来的互惠性偏好在初期会产生互惠性合作，为了防止参与积极性的下降，需要事先制定对不合作者的惩罚措施。如果缺少有效组织和透明的资金管理办法，居民的参与行为很难获得预期的生态效用，也就是说，居民的参与行为是在一定风险条件下的个人选

表 7-1 居民参与城市森林生态服务的概率分布情况表

Table 7-1 Probability on Residents' Urban Forest Ecological Service

参与的项目	项目取值及概率分布情况				
同意征收小区绿化费	25 岁以下 0.930	25 ~ 40 岁 0.886	40 ~ 60 岁 0.820	60 岁以上 0.727	
同意购买绿化彩票	25 岁以下 0.453	25 ~ 40 岁 0.353	40 ~ 60 岁 0.265	60 岁以上 0.192	
同意冠名出资	25 岁以下 0.747	25 ~ 40 岁 0.629	40 ~ 60 岁 0.492	60 岁以上 0.356	
冠名出资 20 元以内/年的概率	月收入 600 元以下 0.899	月收入 600 ~ 1 000 元 0.763	月收入 1 000 ~ 1 500 元 0.538	月收入 1 500 ~ 2 000 元 0.297	月收入 2 000 元以上 0.133
冠名出资 20 ~ 50 元/年的概率	月收入 600 元以下 0.082	月收入 600 ~ 1 000 元 0.187	月收入 1 000 ~ 1 500 元 0.334	月收入 1 500 ~ 2 000 元 0.415	月收入 2 000 元以上 0.340
冠名出资 50 ~ 100 元/年的概率	月收入 600 元以下 0.011	月收入 600 ~ 1 000 元 0.030	月收入 1 000 ~ 1 500 元 0.073	月收入 1 500 ~ 2 000 元 0.150	月收入 2 000 元以上 0.222
冠名出资 100 元以上/年的概率	月收入 600 元以下 0.008	月收入 600 ~ 1 000 元 0.020	月收入 1 000 ~ 1 500 元 0.055	月收入 1 500 ~ 2 000 元 0.137	月收入 2 000 元以上 0.305
参加义务植树的概率	小学文化程度 0.138	初中 0.289	高中 0.506	大学 0.721	
居民选择出资 20 元以内的概率	月收入 600 元以下 0.563	月收入 600 ~ 1 000 元 0.396	月收入 1 000 ~ 1 500 元 0.250	月收入 1 500 ~ 2 000 元 0.145	月收入 2 000 元以上 0.079
居民选择出资 20 ~ 50 元的概率	月收入 600 元以下 0.345	月收入 600 ~ 1 000 元 0.439	月收入 1 000 ~ 1 500 元 0.470	月收入 1 500 ~ 2 000 元 0.422	月收入 2 000 元以上 0.320

（续）

参与的项目	项目取值及概率分布情况				
居民选择出资 50 ~ 80 元的概率	月收入 600 元以下 0.070	月收入 600 ~ 1 000 元 0.124	月收入 1 000 ~ 1 500 元 0.202	月收入 1 500 ~ 2 000 元 0.290	月收入 2 000 元以上 0.354
居民选择出资 80 ~ 100 元的概率	月收入 600 元以下 0.014	月收入 600 ~ 1 000 元 0.027	月收入 1 000 ~ 1 500 元 0.050	月收入 1 500 ~ 2 000 元 0.089	月收入 2 000 元以上 0.146
居民选择出资 100 元以上的概率	月收入 600 元以下 0.007	月收入 600 ~ 1 000 元 0.015	月收入 1 000 ~ 1 500 元 0.028	月收入 1 500 ~ 2 000 元 0.054	月收入 2 000 元以上 0.102

表 7-2　居民拒绝参与城市森林生态服务供给行为的概率分布情况表

Table 7-2　Probability on Residents' Unwillingness to Supply Urban Forest Ecological Service

月收入 / 年　龄	月收入 600 元以下	月收入 600 ~ 1 000 元	月收入 1 000 ~ 1 500 元	月收入 1 500 ~ 2 000 元	月收入 2 000 元以上
25 岁以下	0.021	0.012	0.006	0.004	0.002
25 ~ 40 岁	0.032	0.018	0.010	0.005	0.003
40 ~ 60 岁	0.048 1	0.027	0.015	0.008	0.004
60 岁以上	0.071	0.040	0.022	0.012	0.007

择行为。根据前景理论可知，人们对损失的规避大于对相同收益的偏好程度。本文假设所有居民面临的客观风险是相同的，而且该风险水平较低。由于居民对环境状况的心理偏好、对环境的满意程度、户外活动习惯等主观因素相对于收入水平、受教育程度、年龄、社会阅历等客观因素具有相对稳定性，因此本文主要针对受访者的客观因素来分析居民参与城市森林生态服务供给的偏好。

（1）根据表 7-1 的数据可以得出，在行为发生的概率达到 70% 的情况下，可以认为是大概率事件，居民参与城市森林生态服务供给的偏好包括同意征收小区绿化费、月收入 1 000 元以上的居民同意征收小区绿化费每人每年出资 5 元以内、25 岁以下的居民愿意购买绿化彩票并同意冠名出资、月收入 1 500 元以上的居民同意冠名出资 20 元以内/年、大学文化程度的居民愿意参加义务植树、月收入 1 000 元以上的居民愿意为改善城市生态环境出资 20 元以内。对于不同收入的居民群体，由于他们对参与供给的行为所能承受的最大损失值具有不同的水平，因此所选择的出资额具有较大的差异。

（2）从表 7-2 的数据可以得出，拒绝参与城市森林生态服务供给的概率很低，说明只有少数居民拒绝参与城市森林生态服务的供给，60 岁以上的居民拒绝的概率约是 25 岁以下居民的 3.5 倍，说明年轻人的环保意识强于老年人，越年轻其环保态度就越积极，因而也越热衷于环保行为。月收入 2 000 元以上的居民拒绝的概率约是收入 600 元以下居民的 1/10，这说明低收入的居民为自身生存而忙碌，无心关注生态环境状况，由于收入与受教育程度具有很强的正相关关系，较低收入的居民接受的教育程度也较低，致使他们了解的环保知识也较少，因而拒绝参与环保行为。

7.6 居民参与城市森林生态服务供给的行为类型及影响因素分析

7.6.1 居民参与城市森林生态服务供给的行为类型及总体影响因素分析

参与城市森林生态服务供给的居民大致可分为三种类型：第一类是对社区的绿化非常关心，愿意投入时间和精力以及金钱的居民，他们积极热情地参与，属于具有社区认同感和归属感以及能够承担社区公共责任的民众。第二类是参与的热情程度取决于所获得的利益以及对小区绿化要求的实现结果的居民，当与个人利益结合度高时其参与的热情程度也相应提高，为此需要通过对其行为的认可和改善的小区绿化来激励这类居民持续参与。第三类是对参与的积极性普遍不高、往往随周围其他参与者的行为而定的居民，其行为受小区居民之间的交往、单位同事和亲戚朋友的行为以及社会舆论的影响，需要通过良好的社会互动来调动其参与的积极性。

决定和影响居民参与城市森林生态服务供给行为的因素很多，可以分为主观因素和客观因素两大类。主观因素包括居民对环境状况的心理偏好、对环境的满意程度、户外活动习惯等，一般主观因素比较稳定。客观因素包括收入水平、受教育程度、社会阅历、空气质量情况、周边环境绿化状况、周围人的态度等，其中最重要的是收入水平。与主观因素相比，客观因素具有不稳定性。不同因素的组合将影响居民对生态环境的需要和认识的不同，从而导致人们不同的行为趋势。总的来说，影响居民参与城市森林生态服务供给的主要因素是居民的经济状况、文化程度、对环境的心理感受和社会互动性（小区居民之间的交往、单位同事之间、亲戚朋友之间以及居民受社会舆论的影响）。因此，需要从多维度考察居民参与城市森林生态服务供给行为，具体包括地理维度（所在小区或者城市）、参与方式维度（包括出资、出力两种参与方式）、文化维度（包括价值观、审美观、受教育程度、环保意识）。居民自身环保知识的差异和对环境的重视程度不同而导致不同的居民对相同环境的心理感受是不同的。

7.6.2 影响居民参与城市森林生态服务供给的不利因素

影响居民参与城市森林生态服务供给的不利因素有以下七个方面：

第一，从市场环境来看，城市森林生态服务的供给决策在本质上是一个公共选择过程，存在着个人“理性的无知”和“搭便车”现象，严重影响了供给效率。在政府与居民之间的城市森林生态服务供给博弈中，如果居民预期政府将加大城市绿化财政投入力度，那么居民个人无需投入也会获得良好的生态产品，从而居民参与的积极性会下降；如果居民预期政府财政紧张导致城市绿化投入不足，那么居民意识到只有增加个人投入才有可能获得所需的良好生态产品，从而使居民保持较高的参与积极性。

第二，在有些人的价值取向和观念中，认为生态产品应该是由政府提供的公共产品，应该免费获得的，也就是说，有这种观点的人认为，获得生态产品所能接受的参考价格是零，因而不希望个人投入。同时公众的环保意识总体不是很高，原因有三方面：一是应试教育体制下环保意识教育和培养薄弱；二是宣传的力度还不够；三是我国公众的科学文化素质偏低。

第三，居民在决定是否出资时，往往根据短期利益而非长期利益进行选择，也就是说，更关注个人的短期物质产品和文化产品的消费，而忽视未来长期的生存环境。人们在进行有关为城市绿化是否出资方面的决策时，即使对目前环境绿化状况不满，因为预测到政府会加大在城市绿化建设方面的财政投入力度，所以会控制自己现在出资的行为。而且在同一时期具有相互存在竞争关系的多重偏好，例如不希望在小区绿化方面个人出资，而又希望小区绿化得更好。

第四，人们参与供给的行为普遍受到锚定心理的影响，锚定心理是指人们在做决定时常倾向于把相关或不相关的事实作为参考点的微妙心理行为。一般居民会把周边小区的绿化情况和那些小区居民的投入情况作为自己参与的参考点。如果那些小区居民的投入比自己少而获得和自己一样的小区绿化环境，那么就会带来不满，从而参与的积极性会下降。

第五，人们通常会低估自己的未来行为和他们目前对未来行为的偏好不一致的程度。调查时，会有很多居民表示愿意多出资和出力，如果以后实施的话，实际出资和出力的程度要低于他们受访时的支付意愿。

第六，城市住宅只重视使用功能而无视其生态功能的发挥，导致技术比较成熟的屋顶花园难以推广，以及生态意识不强、生态教育落后的国民素质，是我国城市居住区环境得不到改善的主要原因，而且信用体系不完善，居民在社区的表现情况没有纳入到个人信用评估体系中，同样影响居民参与的积极性。

第七，小区居民参与意识不强，在选举小区居民委员会或者业主委员会的组成人选时，居民很少参与，放弃属于自己的选举权。同时，居民委员会或者业主委员会的竞选人之间缺少竞争性，因而也缺少宣传自己和得到小区居民认可的动力，最后导致小区居民不了解、不信任居民委员会或者业主委员会，因而不参与居民委员会组织的活动。居民对社区缺少认同感，致使社区缺少凝聚力，社区文化难以建设。

7.7 居民参与城市森林生态服务供给的行为规律

（1）通过对两次调查数据分析表明，城市森林周边地区的居民比远离城市森林地区的居民获得了更好的城市森林生态服务，其行为受“现状偏见”影响，为了更好地保持良好空气质量的现状，城市森林周边地区的居民具有更强的支付意愿。如果进行居民参与城市森林生态服务供给的试点，可以考虑先从城市森林周边的小区开始。

（2）居民对环境的重视程度与经济收入状况和受教育程度之间的关系呈现正相关。因此，随着经济的发展和居民收入的增加以及受教育程度的提高，居民将会愈加重视环境的保护，也必将会有更多的居民参与城市森林生态服务供给。

（3）在供给的行为过程中，应重视人们的心理和社会因素的作用，从互惠、公平、身份、损失厌恶、羊群行为、锚定心理等角度出发，对居民参与城市绿化建设的行为有更深刻的认识和理解，从而有利于政府做出更符合居民意愿的制度安排。

（4）人们在风险条件下的选择行为，不仅与不同行动方案的预期效用有关，而且还会由于用不同的方式进行描述而选择不同的参照点。个人决策不仅仅依赖于自己的选择，还受参照系的影响。可以通过舆论宣传和信用体系的完善，培养城市居民设立生态产品账户的意识，当居民参与城市森林生态服务供给的行为逐渐成为居民实现其理想生活方式的途径时，居民对城市森林所提供的生态服务将产生认同。

（5）随着人们对生态环境认识的提高和支付意愿的增强，可以通过政府提供强制生态消费的公共服务制度安排来改善城市的生态环境。但是，政策制定者和制度设计者要提供给居民从自身错误和观察别人的行为中改进自己行为的机会，在设计规则和引导行为的过程中，较准确地预测居民的行动是至关重要的。

（6）个体间较高的信任水平和建立制度化的信任规范将有利于居民从事互惠互利的集体行为，降低居民参与城市森林生态服务的供给成本，促进居民参与行为的增加。为此，需要通过培养居民树立良好的生态观和建立可行的居民参与制度，来提高居民之间的信任程度，从而促使更多的民众为了获得良好的生存环境而合作。

7.8 本章小结

在认识“经济人”及人类经济行为的基础上，通过分析公众参与形式和公众认知对参与的影响，以及对居民参与城市森林生态服务供给行为的两次调查进行的比较分析，系统阐述了居民参与城市森林生态服务供给的行为动因，进一步分析了居民参与城市森林生态服务供给的选择行为，确定了居民参与城市森林生态服务供给的行为类型及影响因素，并总结了居民参与城市森林生态服务供给的行为规律。

8

城市森林生态服务多元化供给的保障体系构建

要实现居民所需要的生态消费效用的目标，就必须在深入分析调查数据的基础上构建配套的政策保障体系和技术保障体系来提供良好的制度安排和信息获取渠道，从而确保城市森林管护资金的可持续投入，提高城市森林生态服务供给的有效激励水平。

8.1 政策保障体系的构建框架

8.1.1 城市森林生态服务多元化供给的政策保障体系概述

政策的生命周期包括6个阶段：①启动：包括认识到建立政策的必要性。②评估：评估不同的政策方案，看哪一个更适合外界条件的变化。③选择：选取适当的政策方案。④实施：会遇到许多问题。⑤效果评价：考察政策是否达到了预期的要求，在实施过程中是否发生了未预料到的后果，政策是否有要改进的地方。⑥终止：如果政策已经达到了目的，或者不适宜，那么政策就应该终止。多数政策没有达到生命周期的最后两个阶段（Braaden R. Allenby，2005）目前在经济发展中采取的环境政策包括经济刺激政策和宏观调控政策。经济刺激政策包括排污收费和补助金、产品收费、押金退款制度、可买卖许可证、契约和责任制度。促使城市森林生态服务的非政府供给机制得以建立的基础不仅在于该机制的运行效率，而且更需要政府部门的积极作为。城市森林生态服务供给的政策保障体系是以政府为主体的实现非政府供给的最重要力量，需要在借鉴有关环境政策的基础上，将环境管理和政策问题与居民的行为相结合，并且要充分考虑城市经济发展中的资源和环境约束，使这些政策体系为加大城市森林建设力度发挥重要的作用。

8.1.2 制定保障城市森林生态服务供给政策的必要性及目标

8.1.2.1 制定城市森林生态服务供给政策的必要性

政策的实质是对于利益的分配、调整，或表现为对人的行为的指导和制约。保障城市森林生态服务多供给方式的政策是政府机构为了实现城市森林生态服务的多种供给方式而确定的行为准则和实施方案，它是一系列法律法规、行政命令、措施、管理条例等的总称。政府的政策制定只有将公众意愿通过有效途径进入政府目标函数，所制定的政策才能代表多数居民的偏好和选择，这样，社会公众对政策给自身带来的成本增加将具有更强的承受力，政策有效执行的空间也将扩大。

城市森林生态服务供给方式的变动与居民个人的意识形态、价值标准和道德规范相一致，即与公众的目标函数相一致，那么，居民是愿意为此付出一定的个人福利代价，为城市森林生态服务多供给方式的实施创造一定的环境条件。此外，城市森林作为一种特殊类型的森林，需要制定与城市经济发展水平相适应的城市森林经营管理政策。

8.1.2.2 城市森林生态服务供给政策的目标

为了实现城区园林化、郊区森林化、道路林荫化、庭院花园化，需要投入大量的建设资金，仅靠政府财政资金的投入是远远不能满足需要的，对于政府部门来说，需要制定有利于城市森林生态服务非政府供给的相关政策，具体政策目标如下：

（1）调动企业和居民参与城市森林生态服务供给的积极性。由于生态服务市场具有“外部性”，服务提供方不能得到补偿，服务受益方通常也认为这种服务可以免费获得，所以生态服务市场的开发是一种新市场的开发，需要制度、政策等方面的创新和生态价值观念的重塑作为保障，并且在生态服务供需矛盾特殊凸现等多方面的条件下才能形成。需要从物质和精神两方面激励企业和居民参与。利用市场价格机制，鼓励私人资本投资，引导资本、信息的快速流动。提供政策援助，运用减免税收政策，鼓励企业投资城市园林绿化。

（2）强化企业和居民的环境理性行为。在生态服务市场，经济主体的行为是一种环境理性行为，即在追求自身利益最大化的同时，其行为是以生态环境保护为前提的。生态服务市场的构建需要政府提供相应的外部性内部化的制度安排，通过制定倾斜政策来强化环境理性行为，进而形成集体的环境理性行为，促进市场的健康发展。

（3）制定具有可操作性的交易规则和信息披露的强制性规则。完善的规则是进行交易的前提。建立合理的产权结构，界定产权，培育市场主体，促进市场发育。建立信息平台披露各企事业、居民履行绿化职责的信息以及城市森林供给需求信息。建立城市森林生态服务市场必须具备可操作性的评估生态服务市场价值和补偿费用的监测系统、标准、规则，对交易双方的权利和义务进行约束。

（4）维持公平竞争，搞好市场监管。维持公平的竞争的市场秩序，形成有序竞争的现代城市绿化市场体系，完善舆论监督、群众参与的监管体系。建立健全社会信用体系，实行信用监督和失信惩戒制度。建立居民参与城市绿化突发事件的应急机制，提高政府应对公共危机的能力。市场经济是法制经济，实行法制化管理，健全法规，明确执行机构，加大法律法规执行力度，进行有效监督，形成由制度、组织、资金、监控等要素构成的系统。法律规范了政府行为，也保证了区域政策的连续性。

8.2 城市森林生态服务多元化供给的保障政策

8.2.1 保障城市工程项目绿化和企事业单位绿化的政策

对城市新建、扩建、改建工程项目和开发住宅区项目进行审批的过程中，应要求建设单位在城市绿化管理部门预交绿化建设配套抵押金，绿化建设抵押金不应低于该工程项目应配套的实际绿化费用。建设单位在项目完工时申请验收，城市绿化管理部门验收通过后，返还其抵押金。如验收未通过，将书面通知建设单位限期达标，超过整改期限，绿化管理部门动用抵押金进行绿化工作。

对城市各个小区、企事业单位实施绿化工作量交易。城市绿化管理部门根据城市的环境状况、占地面积在企事业单位之间进行绿化指标初始分配，允许绿化工作量在企事业单位之间自由交易，即未完成绿化指标的小区、单位必须购买绿化工作量，否则绿化管理部门将处以罚款。

政府控制绿化数量，而不是价格，相当于创造一个产权市场，通过创造产权产生全民提供生态服务的效果。相对于管理方法，可买卖的绿化工作量能获得十分巨大的费用节省，将是一种非常有效的经济刺激手段，不仅屋顶花园、城郊森林得以快速开发，而且也能够保证城市居民全员参与城市绿化建设。

8.2.2 保障城市森林生态服务市场化供给的政策

由于维护契约和市场规则的有效实施是政府必须提供的公共物品之一，在城市森林生态服务市场化的条件没有完全具备的情况下，需要政府制定有关激励机制和约束机制方面的政策来推动市场化供给的实现。可以说，政府的推动和参与是城市森林生态服务市场化得以实现的保障。根据城市森林生态服务市场化供给的范围，需要具体制定城郊退耕还林政策、城市森林经济补偿政策、屋顶花园产权交易政策和小区绿化政策。

8.2.2.1 城郊退耕还林政策

随着城市人口密度的增大，城市可供绿化的土地愈加有限，城郊森林在提高城市生态环境质量方面将发挥更重要的作用。目前一般城市的郊区基本以耕地为主。国家在2002年正式开展退耕还林工程，城郊的退耕还林的实施可以参照该政策，由于城郊耕地的产值要高于林地收益，因而在评估的基础上可以由受益市民给予差额补偿。此外，为了鼓励社会投资城郊森林，还需要制定以下相关政策：

(1) 林地使用权公开拍卖，森林资源经营者依法享有林木的所有权包括占有权、经营权、收益权和处置权等。具有良好信用记录的森林经营者可以凭借林木资源资产进行抵押贷款，缓解因森林资源经营周期长、收益慢、资金周转慢带来的资金短缺问题。

(2) 发展中介服务组织机构。为退耕还林提供咨询、评估、资金、技术和保险等各种服务。设立森林火灾保险来减少投资风险，从而鼓励投资者从事生态林的经营。

(3) 设立城市森林发展基金。基金来源于慈善机构和居民的捐款、政府的转移支付。

(4) 明确城市森林产权交易规则。规范城市森林产权交易市场，为林地使用权和林木所有权及处置权的转移提供制度安排。

（5）允许通过森林认证的城郊森林进行木材经营活动。《中华人民共和国森林法》第十五条规定：防护林、特殊用途的林地使用权不得周转。该项规定以及森林采伐限额制度对于提高森林覆盖率、改善生态环境状况发挥了重要的作用，但是随着我国生态环境的好转，森林资源作为可再生资源，这些法规制度的弊端和局限性也逐步暴露出来，很多学者对其存在的问题和解决对策进行了探讨。城市森林作为公益林，在满足生态需求的情况下，为了激励更多的投资者从事城市森林经营活动，可以在森林认证等手段的控制下允许开展木材经营活动。随着我国森林认证体系的建立及消费者环保意识的提高，消费者对森林认证产品的市场需求也将增加。森林认证是一种运用市场机制来促进森林可持续经营的手段，通过森林认证的企业可以在其产品上贴上认证标签。森林认证被视为促进我国林业可持续发展的一种市场政策工具，也是一种全社会办林业的新途径，能够使生产者、经营者和消费者将自身利益纳入到环境保护之中。城郊森林在满足城市生态环境要求的情况下，其经营者可以通过申请森林认证从事森林可持续经营活动，从而有利于调动社会办林业的积极性。

8.2.2.2 成片森林经济补偿政策

城市内的成片森林作为生态公益林，需要制定以下成片森林经济补偿政策：

（1）科学合理地确定补偿标准。由于中央森林生态效益补偿基金补偿的对象是重点公益林，因此，城市内的成片森林不在其补偿范围，需要市政府确定生态服务的市场价格（补偿标准）。首先对成片森林的经营成本和经济收益进行评估，依据评估结果确定补偿标准。

（2）拓宽补偿资金筹集渠道。补偿资金筹集渠道具体包括政府财政拨款、向居民征收城市森林生态税、自愿捐款、收缴绿化未达标罚款。城市森林生态税根据距离成片森林的远近划分不同的纳税额，由社区居委会或物业公司代收，享受最低生活保障的居民可以选择出工出力形式。

（3）对所有者的经营活动实现减免税收、提供低息贷款的优惠。允许在成片森林从事对森林无危害的经营活动，所减免的税收和减少的利息可抵作为一部分补偿费。

8.2.2.3　小区绿化政策

政府根据相关法律、法规、小区面积和绿化标准直接下达小区的绿化工作量任务，由小区物业公司负责绿地、花草树木的养护等管理工作，政府提供各绿化树种、花草的一般市场价格信息，规定人工管护费等收费标准。小区绿化方案和绿化成本评估由小区业主委员会或居民委员会审核，审核通过后签署委托合同。居民缴纳的小区物业费包括绿化费。为了降低监督成本，政府部门应提供电子政务环境下的公共事务监督管理系统，公开各家物业公司的收费和服务项目信息以及居民的评价信息，从而便于物业主管部门、绿化管理部门以及居民有效监督物业管理公司的小区绿化工作。

8.2.2.4　鼓励屋顶绿化政策

为了解决市区内人均绿地严重不足的问题，政府需要制定鼓励屋顶绿化的政策。虽然对住宅来说，屋顶花园能够提高居住的舒适度，但在一些地方实施的时候，常因居民的阻挠而无法开展，为此，需要通过宣传教育来消除居民对屋顶花园的误解，引导居民正确认识屋顶花园的作用。政策应规定居民享有与土地证登记的使用面积相同的屋顶面积，在限期内未登记的居民视为放弃屋顶绿化，由同一单元的其他居民享有。政府部门根据城市园林经费情况给予适当的补助。屋顶花园在通过园林管理部门的验收后，可由房管部门办理产权证，从而保护居民的投资。屋顶花园需要与房屋一起交易，但屋顶花园应免予所得税。

8.2.3　提供有关市场化供给的制度安排

虽然我国目前已经形成了包括环境影响评价制度、排污收费制度、环保目标责任制、污染集中控制和限期治理制度、排污许可证制度等各项环境保护制度，但是为了保障城市森林生态服务的市场化供给，还应该提供以下制度安排：

8.2.3.1　建立城郊森林市场化经营管理制度

林权的核心是林地产权，是林地所有权在商品经济条件下发展的产物，林地产权制度是指对林地产权关系进行有效组合、调节和保护的各种产权规则。城郊森林虽然作为生态公益林，虽然经营者拥有产权，但其处置权和收益权受到采伐限额管理的限制，而且由于城郊森林的林地使用权的流转市场没有形成，导致林地使用权流转受到很大的限制，严重影响经营者的积极性，因此，在林地的使用权期限内需要地方政府为林地产权（包括林木资源的所有权）的再交易创造宽松的外部环境，提供相应的活立木交易市场方面的制度安排，从而促进森林资源的流动和提高资源使用效率。此外，在林地拍卖后的产权证办理和再交易过程中，需要林业主管部门提供便利的条件和制定配套措施，保证林地作为一种生产要素通过市场机制的作用实现资源优化配置。由于林业生产的周期性长，需要较长时期的林地使用权，这样才能防止短期经营行为，使经营者愿意加大投入力度。

8.2.3.2 建立森林生态效益补偿制度

由于国家实施森林采伐限额管理政策，城郊森林的经营者不能完全按照市场的需求自主开展经营活动，所以需要从政府或生态效益受益者得到相应的经济补偿，但国家财力不足，中央财政仅补偿的面积仅是化为重点公益林面积的1/4，且补偿标准偏低。城郊森林作为地方的公益林，即使有地方财政补贴，也远低于经营成本，致使以营利为目的的经营者的投资积极性受挫。为此，需要地方政府建立森林生态效益补偿制度，由作为生态受益者的全市居民进行经济补偿，设立城市森林建设基金，确定每位居民的最低出资额度和具体收缴及监管办法，补偿形式不仅是出资，也可以选择出力。如果出力居民超过所需，那么根据实证分析结论，则应以低收入人群为主。在林业主管部门和环境保护部门认证城郊森林已能够足以维护城市生态环境平衡的情况下，经营者可根据市场行情申请采伐指标，政府部门根据经营者所获得的林木销售利润，来减少对他的补偿基金。

8.2.3.3 完善城市森林建设的法律制度

在各企事业单位实行契约和责任制度，即企业与环境保护部门签订货币化契约，如果没有达到规定的绿化标准将缴纳罚款。以法律的形式设立城市森林生态税，明确城市森林生态效益补偿基金的使用和监督管理。

8.2.3.4 提供林产权交易制度安排

林权证是我国界定森林资源权属的唯一合法凭证，为保护城郊森林投资者的合法权益，需要建立林产权交易制度，为林产权的交易提供制度保障。政府部门不再进行行政干预，只负责相关法律法规和规章制度的建立，为林产权的交易创造便利条件。具体包括以下几方面：

（1）制定林产权过户变更登记制度，及时为所有者办理林权证，简化交易双方的林产权过户变更登记手续，收取较低的变更手续费。

（2）建立林产权交易市场和相应的中介服务机构。对中介服务机构的森林资源资产评估资质进行统一认证，并借鉴房屋产权交易的经验而制定法律法规和市场交易规则。

（3）明确具体的交易程序和步骤，如交易申请、资格审查、资产评估、签订协议或合同等

（4）通过非正式制度安排来培养居民正确的生态消费观有利于市场化供给成本的降低。对拥有屋顶花园的住宅，减少其房屋产权交易的契税。

形成以良好生态意识为支撑、产权为基础，政策为保障的生态服务市场体系。产权制度的基本功能是给人们（主体）提供一个追求长期利益的稳定预期和重复博弈的基本规则。明晰的产权提供追求长期利益的动力，产权模糊的直接后果是实际上的所有者缺位。

有关城市森林生态服务供给的制度安排以满足居民的生态消费需要和有效配置城市森林资源为前提条件，旨在为城市绿化建设构建一个兼顾公平和效率的居民能够接受的运行良好的多主体供给框架。

8.2.4 促进居民自愿供给的保障政策

8.2.4.1 促进居民社区参与的保障政策

在社区中社会资本是短期利他与长期自利相结合的一种产物，有利于大众积极参与社区活动。居民之间良好的信任会让居民相信其他人会像所期望的那样做出反应，因而能够以相互支持的方式采取共同行动。促进居民参与社区绿化的政策具体包括以下六方面：

（1）加强社区组织工作。一个社区的居民共享小区绿化后的生态效益，他们之间存在一定的社会关系，居民之间存在着持续的互动关系。为了形成社区居民之间良好的互动关系，需要加强社区组织的建设工作。居民作为社区参与的主体，其参与社区活动的意愿与居民对社区的认同度具有显著正相关关系（白柯，2005）。随着社区工作者素质的提高，居民逐渐形成对社区的归属感和认同感，社区功能将随之得到有效发挥，从而保障小区绿化工作的有效开展。

（2）创办城市森林建设基金会。中国非政府组织（NGO）发展迟缓，而且只有少数NGO是民办的。中国NGO基本上是在政府的行政控制之下开展活动，影响了其作用的发挥。因此，在存在法律法规的限制的条件下，城市森林建设基金会作为非营利社会团体，需要在政府的推动之下，吸收社区组织为基层会员，便于居民的捐款，并对捐款实行有效监督。

（3）有效组织义务植树活动。义务植树应以居住小区为组织单位，由居委会负责小区绿化的组织，各单元组长走访各住户居民，了解居民参与绿化的形式，制定行动方案。对居民的参与情况进行张榜公布，按参与程度排名，起到一定的鼓励和惩罚作用。

（4）鼓励个人投资城市公共绿化建设，鼓励认建、认养公共绿地和道路绿地。社会单位和个人投资城市公共绿化建设或认建、认养公共绿地和道路绿地的，县（市、区）人民政府或城市园林绿化主管部门可采取授予其冠名权、颁发荣誉证书等多种形式予以表彰和奖励。认建、认养公共绿地和道路绿地的个人应当与养护责任单位签订认建、认养协议书。

（5）实行由物业公司管理居住区绿地，代收小区绿化费。由业主委员会委托物业管理单位对小区绿化进行管理；未实行物业管理的小区，由社区居民委员会负责落实养护责任。

（6）将居民的社会参与信息纳入到个人信用体系中来。随着分散在各行各业的个人信息的整合，我国个人信用体系将得到完善。街道办事处利用我国电子政务系统将居民在社区的参与情况录入到个人信用档案中，将极大地提高居民参加义务植树和捐款的积极性。

8.2.4.2 促进绿化彩票发行的保障政策

绿化彩票作为城市森林生态服务自愿供给的方式之一，是城市绿化资金的主要筹集渠道。通过发行绿化彩票，获得的彩票收入扣除一定比例的返还奖金、发行成本后形成城市森林建设基金，具体的奖金、成本、基金的比例由政府规定，并将基金纳入财政专户，实行收支两条线管理。绿化彩票的发行不仅需要公民的自愿参与，而且需要政府部门制定有关组织和管理的规则以及履行监督职能。在彩票的发行过程中需要引进市场竞争机制，降低发行成本。因此，绿化彩票从资金来源的角度来说是一种自愿供给，但是实施过程需要政府管理和市场机制的运用。

8.3 技术保障体系的构建

为了促进城市经济、社会和环境的协调发展，进一步提高城市绿化工作水平，改善城市生态环境和景观环境，需要确保城市居民和企业积极参与以及城市绿化工作的投入获得相应的产出，必须充分利用现有的电子政务信息基础设施，开发基于目前电子政务系统平台的城市森林监管信息系统，从而实现提供城市森林市场化交易双方供求信息、全面记录居民参与绿化的个人信息以及动态监测城市绿化工作的目的。通过该系统能够及时获取城市森林生态服务交易信息及居民参与信息，增加居民出资出力及资金使用的透明度和居民对管理者以及居民之间的信任度。

8.3.1 信息系统的可行性分析

（1）管理上的可行性分析。在明确各县（区、市）政府对绿化工作负全责的前提条件下，主要领导作为本行政区域绿化工作的第一负责人，主动完善各项管理规章制度，制定相应的管理办法；同时，城市森林监管信息系统能够向城市园林绿化管理人员及时准确提供各类所需信息，现代管理方法的应用更有利于高效率地开展工作，因此，各级管理人员会积极支持该系统项目的开发。

（2）技术上的可行性分析。城市森林监管信息系统是建立在电子政务系统平台基础之上，有效利用现代化信息基础设施，该系统上联市政府电子政务系统，下联各街道各办事处，通过完善社区（居委会）基层绿化责任机制和建立统一的、法定的技术规范、数据标准、数据交换格式，加强信息的及时准确收集工作，建立各类绿化数据库，不仅实现各级政府间、政府各部门之间的信息共享，而且通过数据仓库技术和数据挖掘技术，在“数据海洋”中寻找潜在的信息和知识，在人机交互过程中，帮助城市绿化决策人员探寻可行方案。

（3）经济上的可行性分析。由于充分利用现有的电子政务信息基础设施，城市森林监管信息系统在开发费用、维护费用支出并不高，对提高城市园林绿化管理工作水平和调动居民积极参与城市森林建设发挥巨大的作用。

经过对该系统进行管理上、技术上、经济上的充分论证，表明该系统的开发具有可行性。

8.3.2 城市森林监管信息系统需求分析

城市森林监管信息系统作为政府管理信息系统的组成部分，应能够及时准确地收集、处理、存储、传输和提供有关城市森林生态服务的各方面信息，具有良好的预警和协调各部门活动的作用，并为领导者制定决策以及在最短的时间内快速采取行动提供强有力的支持，减少突发事件带来的危害和损失。

8.3.2.1 城市森林管理存在的问题

（1）从城市绿化组织结构来看，相当一部分省（自治区、直辖市）对绿化工作重视不够；一些地方绿化委员会办公室机构不健全，力量薄弱，据统计，全国31个省（自治区、直辖市）绿化委员会办公室中有19个是设在林业厅（局）的某个处室，共有专职人员23人。

（2）从领导机制来看，城市绿化目标责任制在很多地方还没有完全建立起来。许多城市还没有编制绿地系统规划，绿化工作区域负责制和绿线管制制度没有得到落实。

（3）从信息管理来看，缺少对城市公共绿地、行道树、住宅小区和单位庭院绿地基础信息的收集处理工作，没有对信息资源进行统一规划和管理，城市绿化各部门之间的信息难以共享；城市园林绿化主管部门应对新建、改建和扩建项目的配套绿化进行跟踪管理。

（4）从应急应变方面来看，缺乏各部门在城市绿化方面的协调机制，绿化部门的专业人员缺乏应急应变方面的训练，居民缺乏救护的意识和能力，信息传递渠道不通畅。

（5）从居民全员参与的组织形式来看，一般仅限于政府机关组织义务植树活动，街道各居委会极少进行组织，在哈尔滨市开展的居民参与城市绿化活动问卷调查表明，97.8%居民愿意以出资或出力形式为改善城市生态环境作贡献，可见虽有极少数居民对义务植树的认识不足，绿化意识还有待增强；但由于缺乏有效组织，很多居民贡献无门。

8.3.2.2 城市森林管理的基础信息需求

城市森林管理的基础信息收集工作是一项费时费力的基础工作，只有开展该项工作，树木的病虫害管理、废弃树的更新管护、古树的保护、私自砍伐监督工作才能得以开展。

（1）城市公共绿地及行道树信息。公共绿地包括公园、动物园、游园、绿化广场等场所，对公共绿地树木和城市行道树进行编目与分级，利用每年对树木的调查资料和数据库信息，编制预定的管理计划。要对每一株树木的位置、生长情况、维护记录、认养人及出资出力等具体情况进行详细登记，尤其要标记出古树名木。

（2）住宅小区和单位庭院绿地信息。包括学校、医院、休（疗）养院（所）、机关团体、公共文化设施、部队等单位庭院绿地情况，以及居住区建造的公共绿地情况，绿化形式包括平面绿化、垂直绿化、屋顶绿化等形式。

（3）居民参与绿化活动的信息。居民履行植树义务的方式可以多种多样，包括直接参加植树劳动并完成相应的劳动量；以资代劳交纳绿化费；新闻媒体或文艺工作者宣传义务植树；认建认养公共绿地或培育管理古树等。

8.3.2.3 城市森林综合信息查询需求

（1）按照城市各区、街道办事处进行绿化信息查询统计分析，产生不同绿化等级的统计报表，将该区域植树数量、植树质量特别是植树的成活率和区域绿化覆盖率同该区域的政府部门业绩考核直接挂钩。

（2）按照各单位进行绿化信息查询统计分析，并将绿化达标情况与单位的各种优惠政策相结合，对没有达到规定任务的单位给予相应惩罚。

（3）按照居民个人进行参与城市森林情况信息查询统计分析，对居民个人在工作单位及居住小区所参加的义务植树、出资等各方面情况进行综合评价，将评价结果通知居民所在单位或居委会，并作为就业及享受最低生活保障的前提。

（4）有关公共绿地及行道树的统计信息，为园林管理部门及时防治树木的病虫害、更新废弃树、保护古树、监督私自砍伐等工作提供准确信息。

8.3.2.4　城市森林预警功能需求

美国行政学家奥斯本和盖布勒提出了“有预见性的政府——预防而不是治疗”的治理范式，他们认为政府事前的预防重于事后的补救，政府管理的目的是“使用少量的钱预防，而不是花大量钱治疗”。“凡事预则立，不预则废。”（唐钧等，2005）。城市园林管理部门不仅依赖计算机信息系统开展常规城市森林管理工作，而且要积极预防各种城市绿化突发事件，从而具备对突发事件的快速响应能力，因此，预防突发大规模病虫害和气候引发的灾害、资金的实时监管、信息管理的安全评估等预防工作要求城市森林监管信息系统应具有预警功能。它的任务就是要识别可能发生的危机及其可能造成的危害，有利于政府及时制定相应的应对措施和预防措施，从而降低突发事件的应对成本，减少或避免因此而来的损失。

城市森林预警管理子系统应能够根据危机现象过去和现在的数据、情报和资料，运用逻辑推理和科学预测的方法技术，对危机现象出现的约束性条件、未来发展趋势和演变规律等进行监测、识别、诊断与评价，并由此做出警示的管理活动，其目的是引起对危机的了解和重视，以便于做好必要的应对准备。可从三个方面对危机预警进行分析：①对危机迹象进行监测，将容易引发危机的风险因素和潜在影响较为严重的风险因素确定为监测对象。②对危机迹象识别，需要引入识别指标。③诊断与评估（黎昌珍，2007）。

8.3.2.5　城市森林预警功能实现的技术分析

为了实现城市森林预警功能，必须应用数据仓库技术（Data warehouse，DW）和数据挖掘技术（Data mining，DM）。数据仓库作为支持预警功能的数据基础，包含大量的综合数据，数据仓库的数据是由具体业务数据集成而来的、面向不同主题的、用以支持组织决策分析的数据集合。数据仓库在构建之初应明确其主题，主题是一个在较高层次将数据归类的标准，每一个主题对应一个宏观的分析领域，针对具体决策需求可细化为多个主题表，具体来说就是确定决策涉及的范围和所要解决问题。数据仓库的建立过程包括设计模块、数据抽取模块、数据管理模块三个模块。要将这些综合数据转变为决策所需的信息和知识，需要采用数据挖掘技术来发现数据之间的复杂联系以及该联系对决策的影响，从而预测未来城市森林发展趋势、发现以前未知的模式、引导居民参与城市绿化的行为发展过程、减少突发事件带来的损失。数据挖掘具有非线性、模糊性和不确定性，因此，挖掘的结果一般由支持度和可信度来保证其可靠性，只有达到某一信任阀值时便可以认为结果有效。数据挖掘的类型主要有总结规则挖掘、关联规则挖掘、分类规则挖掘、预测分析等几种。

8.3.3　城市森林监管信息系统设计

8.3.3.1　城市森林监管信息系统功能结构图设计

要实现对城市绿化工作进行全面监管的目标，信息系统应具有基础数据管理、数据仓库管理、统计分析、预警管理等主要功能，这些功能的从属关系具体如图 8-1 所示。

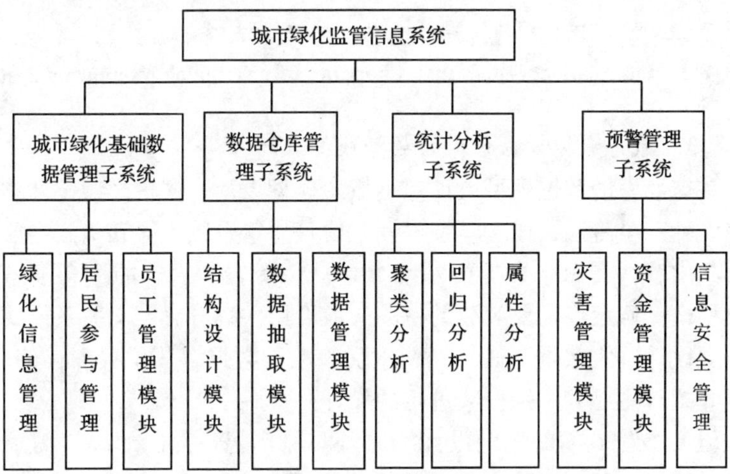

图 8-1　城市绿化监管信息系统的功能结构图

Fig. 8-1　Functional Structural Diagram for the City Greening Monitoring Information System

8.3.3.2　城市森林监管系统的信息系统流程图设计

利用城市森林监管系统的信息系统流程图可以描述各项处理功能的各项输入数据和输出数据之间的关系，具体如图 8-2 所示。

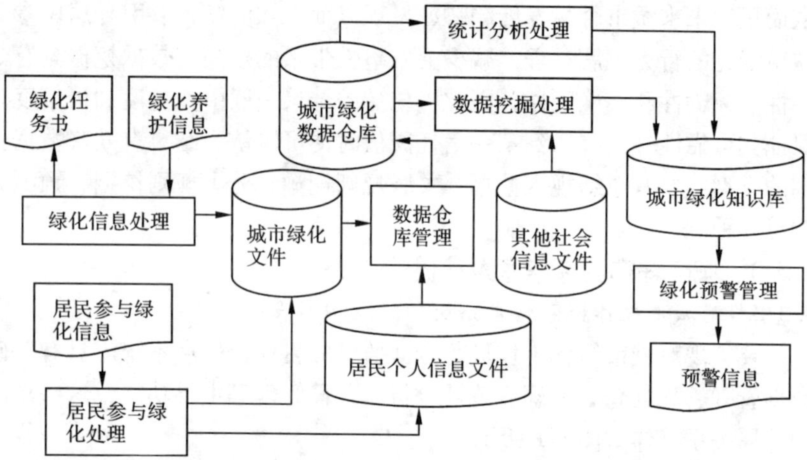

图 8-2 城市绿化监管系统的信息系统流程图

Fig. 8-2 Information System flow Chart for City Greening Monitoring System

8.3.3.3 城市森林数据仓库的数据模型设计

数据仓库的数据模型设计包括概念模型设计、逻辑模型设计和物理模型设计三个阶段，概念模型设计主要是界定系统边界和确定主要的主题及其内容，在 MIS 数据库基础上建立一个较为稳定的概念模型；逻辑模型设计确定当前要装载的主题、粒度层次划分、定义关系模式；物理模型设计确定数据存储结构、索引策略、数据存放位置和存储空间。下面介绍对主题和关系模式进行的设计。

（1）数据仓库的主题设计。通过对绿化管理部门的决策需求和绿化业务工作的分析，确定了城市绿化数据仓库的三个基本主题：树木、市民、监管人员。“居民”主题与“树木”主题的联系是植树关系，“监管人员”主题与“树木”主题的关系是管理关系。它们之间的关系如图 8-3 所示。居民参加植树的形式包括出资和出力两种形式，由居民根据自身的时间、收入进行选择。

（2）数据仓库的关系模型设计。目前的逻辑模型主要有：星型模型、雪花模型以及雪爆模型等。城市森林数据仓库是建立在关系数据库基础上，层次较少的模型采用星型模式（Star Schema）进行设计，层次较多的模型采用雪花模式（Snowflake Schema）进行设计，然后转换

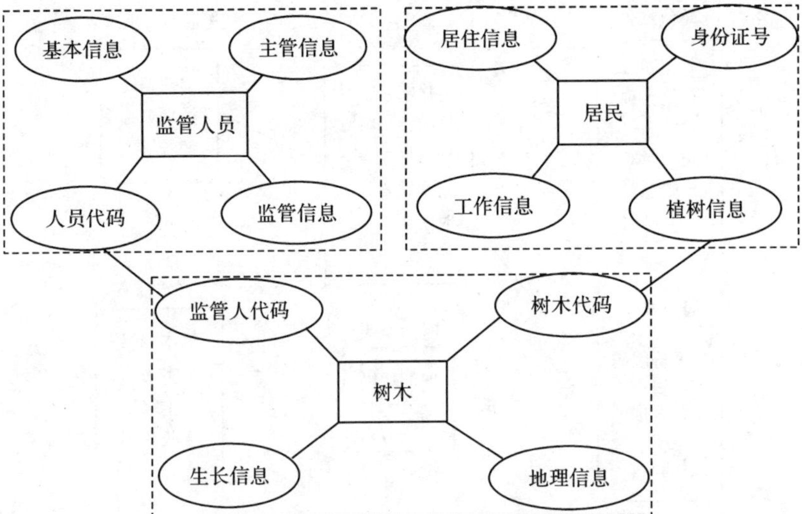

图 8-3　城市绿化数据仓库三个主题及其关系

Fig. 8-3　Three Subjects and Their Relationship for City Greening Data arehouse

为相应的二维关系表，这种关系型结构能较好地表示和存储多维数据，满足对数据的分析要求（A. Benander 等，2000）。居民义务植树分析的星型模式如图 8-4 所示，其中，事实表的时间粒度是年，事实表的大小主要取决于居民、树木的多少。组织单位维表和植树活动类别维表数据变化较少，时间粒度都定为一年，居民维表和树木维表数据变化很少，时间粒度都定为两年。维表存在一定的数据冗余，有利于提高查询响应速度。

8.3.4　有关城市森林监管信息系统的建议

（1）城市森林监管信息系统的建设要保证基层部门能够在第一时间准确地收集数据，从而保证上下级能够及时进行信息沟通。通过管理信息系统强大的信息查询发布功能，定期在各小区公布为城市绿化做出贡献的居民，对那些既不出资也不出力的居民形成舆论压力。

（2）城市森林监管信息系统要注重信息资源的整合，要打破应急信息资源在部门、地区之间的壁垒，消除“信息荒岛”和“信息孤岛”现象，同时注重充分发挥现有的电子政务信息设施的作用，增强城市绿化部门管理决策的科学化。

（3）城市绿化不仅仅是政府的计划和行动，同时也是一项社会性

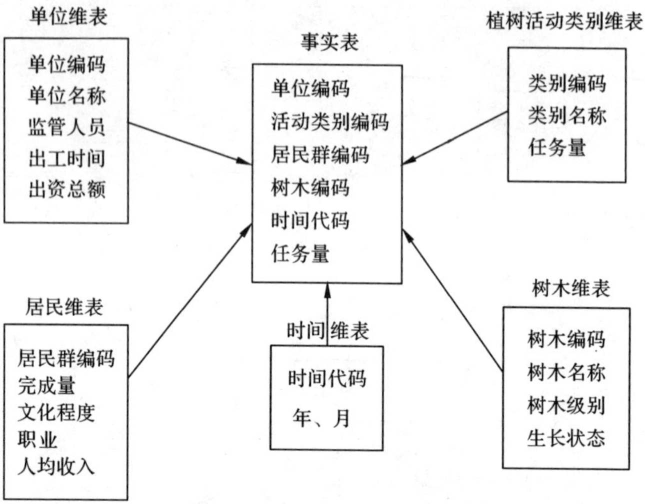

图 8-4　市民植树分析的星型模型设计

Fig. 8-4　Star Schema design on resident's planting tree

行动，必须拓宽群众参与途径，取得全民的支持，要掀起全民参与城市绿化的热潮，离不开媒体的宣传和保障居民个人投入的绿化产权制度及相关政策的制定。因此，该系统应提供相关制度和政策咨询功能。

（4）居民参与城市绿化的主要形式是出资，因此，应该定期发布有关城市绿化规划和实际绿化方面的信息，设置非政府组织进行督导，建立资金信息披露机制，增加资金使用的透明度，从而在绿化资金管理方面加大群众监督的力度，并取得居民对政府的信任。

8.4　本章小结

为保障城市森林的有效供给需要相应的政策和信息技术支持。按照运行方式提出政府供给、市场化供给和自愿供给的保障政策。随着我国电子政务建设的完善，基于目前电子政务系统平台来开发城市森林监管信息系统作为城市森林管理的信息交流平台，可以确保城市居民履行义务植树的职责和城市绿化工作效率的提高。在分析绿化信息的需求基础上，进行了信息系统功能结构图设计、信息系统流程图设计和数据仓库的数据模型设计，并提出相应开发建议。

结　论

随着中国城市化进程的加快和居民生活水平的提高，居民对城市森林生态服务需求也随之提高，虽然城市森林建设作为公益事业属于政府的职能，但是中国作为发展中国家，在政府财力有限的情况下，城市生态环境的改善迫切需要居民积极参与对城市森林生态服务的供给。本文通过查阅文献和具体实证研究得出如下结论及创新性研究成果：

（1）在借鉴国外条件价值评估应用的基础上，提出本文基于 SAS 统计分析软件的城市森林生态服务供给的研究方法，即首先通过在显著水平 $\alpha = 0.05$ 的情况下进行具体卡方检验和 Mentel-Haenszel 有序关联性检验来确定有关联的变量，然后计算关联度大小，最后建立 logistic 回归模型，用以预测各种选择行为的概率。

（2）城市森林生态服务属于公共服务，按照供给主体可以划分为政府供给和非政府供给，按照运行方式可以划分为政府供给、市场化供给和自愿供给等三种供给方式。在政府供给无法满足需要的情况下，可以通过市场化供给和自愿供给方式进一步提高城市森林生态服务的水平。

（3）随着生活水平的提高、经济收入的增长和环保意识的加强，更多的居民产生对城市森林生态服务的需求，居民的参与动机更加强烈。实证调查表明，90%以上的居民愿意为改善城市生态环境做贡献，但由于缺少有效的组织，仅有一半的居民参加义务植树。

（4）通过在哈尔滨市和牡丹江市进行的三次实证调查表明，影响支付意愿的方式及支付大小主要有文化程度、人均收入两种因素，与人们的认识基本一致，文化程度越高的居民收入越高，从而越倾向于选择出资支付形式和较多的支付额；年龄越大，越倾向于选择出力和拒绝支付；人均收入越高，越倾向于对小区绿化和冠名的大额出资；对小区空气越不满意，越倾向于在冠名方面多出资；户外锻炼时间越长，越倾向于多出资。

（5）通过对在哈尔滨市进行的两次调查对比分析发现，城市森林周边地区居民人均出资33.2元/年，在远离城市森林地区居民人均出资20.88元/年，出资金额下降较多，而且既出资又出力居民的比例由61.7%下降到40.2%。因此，建议有关居民参与城市森林生态服务供给的政策可以考虑在城市森林周边小区进行试点。

（6）本文创新地在大中城市开展居民支付意愿调查，为制定合理的居民参与政策提供科学依据。在实证分析的基础上提出城郊退耕还林政策、城市森林经济补偿政策、屋顶花园产权交易政策和小区绿化政策以及通过加强社区组织工作、创办城市森林建设基金会、有效组织义务植树活动、鼓励个人投资城市公共绿化建设、实行由物业公司管理居住区绿地，代收小区绿化费、将居民的社会参与信息纳入到个人信用体系等促进居民参与的保障政策，设计城郊森林市场化经营管理制度、城市森林生态效益补偿制度、城市森林产权交易制度。

本文的研究成果对于城市绿化管理部门开展全民绿化工作具有重要的借鉴作用，为制定全民参与绿化的政策提供科学依据。在目前取得阶段性成果的基础上，下一步的研究计划是与园林管理部门及街道办事处联合进行全民参与绿化的试点工作，根据试点工作的进展情况来细化政策的执行环节。

ABSTRACT

The urban ecological environment is worsened with the soaring urbanization of China. Residents are eager to improve the urban ecological environment with the economic boost and the improvement in urban residents' living. Demand on ecology takes first place of all demand from residents on environment. Much effective as the construction of urban forest in improving air quality and urban greening, it is urgent to study multi-entity supply of urban forest ecological service under government budget limit and scarce greening area. The paper applies the theory of forest ecological service, marketization of public service, economic sociology, behavioral economy and institutional economics and empirical method to exploring the interaction, scope of action and guarantee system of the multi – entity supply method.

Urban forest ecological service is that of air purification, improving urban micro-climate, decreasing temperature and increasing humidity, weakening "heat-island" effect, carbon sequestration, and lowering noise by urban forest. Urban forest ecological service is subordinate to public service. Residents' participation will greatly improve the ecological environment when the government does not change its supply. Market supply refers to the profit-purposed, outcome-compensated-by-charging ecological service provided by the profit organization aiming at satisfying the demand on urban forest ecological service from residents. It includes market compensation and market supply of community greening. The voluntary supply refers to the capital sponsored without payment or partly without payment by individual or the organization or donated in the form of lottery ticket, which is directly or indirectly used to supply urban forest ecological service. Success of the two methods depends on their satisfying residents' willingness to pay. The paper first applies the contingent valuation method (CVM) to the survey of willingness to pay by residents in Harbin and Mudanjiang for urban forest ecological service. The result of the survey reveals that residents are willing to pay. The compensation method is feasible under appropriate institutional system and effective organization by the community.

The supply of urban forest ecological service by residents is necessary and possible due to the serious pollution of ecological environment in large and middle-size cities, combined by the high living level and awareness of environmental protection of urban residents. The paper makes correlative analysis, Logistic regression analysis and cluster analysis on market supply and voluntary supply according to the survey in Harbin and Mudanjiang. As is revealed in the analysis, residents will have more income with higher educational level, who are more inclined towards donating money and paying more. Residents to participate in the development of the urban forest ecosystem services supply policy should take into account of the two forms of payment of donating money and contributing effort to meet different levels of residents' willingness-to-pay.

Based on the analysis of the impact of public participation in the understanding of factors and systems, "economic person" and human economic behavior, the paper compares the result of the two sampling surveys in Harbin, analyzes the motive to supplying urban forest ecological service, and describes the three kinds of residents supplying urban forest ecological service from the aspect of ecological utility component, human nature and game theory. The paper summarizes major factors that have effect on residents' participation and calculates the probability of residents' participation with the Logistic regression model and analyzes the major factors making participates refuse to participate. In order to achieve urban forest ecosystem services supply, the paper suggests a wide range of policies by to secure city greening projects and enterprises greening, and institutional arrangements and the corresponding technology security system beneficial to market supply and demand, and supply to achieve voluntary policies.

As residents near urban forest believe that they have gained more and better ecological services and therefore have a greater willingness to pay, urban forest ecological compensation policies can first start from the region around the urban forest, and then gradually expanding the scope of the urban forest ecosystem services of the market supply. Implementation of voluntary supply requires not only the media publicity and education and effective fundamental organizations, but also improvement of the personal credit system, residents´ social participation information society recorded into the personal credit system, and this will have a greater incentive to voluntary supply.

Although the urban forest ecosystem services is the main body of supply, resident´s willingness to pay for the urban forest ecological service will increase with the urban economy boost and environmental protection awareness of the residents. The effect of both market supply and voluntary supply will be brought into full play through the mechanism designed by government on multi – entity supply of urban forest ecological service, so as to rapidly improve the quality of urban ecological environment.

Key words: Urban forest; Ecosystem services; Contingent valuation method; willingness to pay; Method of supply

附录1　2005年省会城市和计划单列市主要指标

城市名称	年底总人口（万人）	地区生产总值（当年价格）（万元）	工业总产值（万元）	地方财政预算内收入（万元）	城乡居民储蓄年末余额（万元）	人均地方财政预算内收入（元）	城乡居民人均储蓄年末余额（元）
北　京	1 180.7	68 863 101	69 462 116	9 192 098	74 775 889	7 785	63 332
天　津	939.31	36 976 200	67 741 031	3 318 507	24 624 100	3 533	26 215
石家庄	927.3	17 867 750	20 155 826	658 796	13 551 916	710	14 614
太　原	340.39	8 931 620	9 213 954	569 525	10 249 200	1 673	30 110
呼和浩特	213.49	7 436 618	4 831 642	359 319	3 795 946	1 683	17 780
沈　阳	698.57	20 841 339	21 952 498	1 381 415	18 471 414	1 977	26 442
大　连	565.33	21 522 328	25 627 970	1 514 247	16 656 295	2 679	29 463
长　春	731.5	16 784 691	17 289 653	610 338	10 593 043	834	14 481
哈尔滨	974.84	18 304 514	11 974 562	980 370	14 614 904	1 006	14 992
上　海	1 360.26	91 541 800	1.58E+08	14 173 976	84 324 900	10 420	61 992
南　京	595.8	24 111 100	40 634 843	2 110 746	15 954 002	3 543	26 777
杭　州	660.45	29 426 519	54 411 271	2 504 565	21 916 600	3 792	33 184
宁　波	556.7	24 493 099	48 909 669	2 123 797	14 588 012	3 815	26 204
合　肥	455.7	8 535 700	8 808 230	576 372	5 161 608	1 265	11 327
福　州	614.83	14 763 142	18 601 750	974 502	11 550 362	1 585	18 786
厦　门	153.22	10 065 831	20 291 174	989 474	5 850 735	6 458	38 185
南　昌	475.17	10 077 025	7 262 572	582 783	6 437 518	1 226	13 548

（续）

城市名称	年底总人口（万人）	地区生产总值（当年价格）（万元）	工业总产值（万元）	地方财政预算内收入（万元）	城乡居民储蓄年末余额（万元）	人均地方财政预算内收入（元）	城乡居民人均储蓄年末余额（元）
济　南	597.44	18 766 071	22 375 103	1 061 547	10 506 503	1 777	17 586
青　岛	740.91	26 958 172	43 166 128	1 764 118	13 431 016	2 381	18 128
郑　州	679.7	16 606 006	17 891 575	1 361 261	14 360 781	2 003	21 128
武　汉	801.36	22 380 000	22 854 127	1 388 169	16 731 705	1 732	20 879
长　沙	620.92	15 199 001	9 733 713	1 080 572	9 544 151	1 740	15 371
广　州	750.53	51 542 283	60 319 154	3 712 633	50 246 879	4 947	66 949
深　圳	181.93	49 509 078	95 676 838	4 123 800	32 293 800	22 667	177 507
南　宁	659.54	7 233 557	3 701 812	451 954	5 982 307	685	9 070
海　口	147.3	3 013 506	2 507 203	179 149	3 740 519	1 216	25 394
重　庆	3 169.16	30 704 900	25 258 683	2 568 072	25 021 450	810	7 895
成　都	1 082.03	23 707 644	16 614 367	1 414 541	20 740 894	1 307	19 169
贵　阳	350.66	5 256 159	5 740 645	624 873	4 977 423	1 782	14 194
昆　明	508.47	10 615 544	10 181 367	906 655	9 938 095	1 783	19 545
西　安	741.73	12 701 400	9 810 221	730 543	17 167 574	985	23 145
兰　州	311.74	5 670 437	7 887 816	289 256	5 817 105	928	18 660
西　宁	209.9	2 375 652	2 277 411	117 860	2 346 265	562	11 178
银　川	140.6	2 885 029	3 222 799	181 645	2 649 514	1 292	18 844
乌鲁木齐	194.15	5 625 007	5 401 041	514 014	5 957 300	2 648	30 684

附录2 城市森林经济补偿政策居民支付意愿问卷调查表

先生/女士：

您好！

为改善我市生态环境和了解居民支付意愿，我们特作此次调查研究。感谢您在百忙之中抽出时间填写我们的调查问卷，您的观点和意见将对我们的研究具有重要的价值，并将有利于我们针对城市森林经济补偿政策提出可行性建议！

再次感谢您对我们的支持！

请在下面相应选项上画“√”。

一、被调查者基本情况：

1. 年龄：25岁以下____ 25~40岁____ 40~60岁____ 60岁以上____

2. 文化程度：小学____ 中学____ 大学____ 研究生____

3. 单位性质：国企____ 私企____ 外企____ 事业____ 机关____ 其他____

4. 职业：基层人员____ 中层管理者____ 高层管理者____ 离退休人员____ 学生____

5. 人均收入状况（元）：

600以下____ 600~1 000 ____ 1 000~1 500 ____ 1 500~2 000 ____ 2 000以上____

6. 平均每天户外锻炼身体情况（小时）：

0 ____ 0~0.5 ____ 0.5~1 ____ 1~1.5 ____ 1.5以上____

7. 住宅距离成片森林（米）：

100以内____ 100~500 ____ 500~1 000 ____ 1 000以上____

8. 本小区房价比同等质量、同等地段的远离森林的小区房价高出（元/m^2）：

100以下____ 100~300 ____ 300~500 ____ 500~800 ____ 800以上____

二、居住环境情况：

9. 近年来居住环境空气质量：明显好转____略有好转____ 没有变化____恶化____

10. 对居住环境空气质量满意情况：满意____ 比较满意____ 比较不满____ 不满意____

11. 您认为您的居住环境在哈市属于：最好____　良好____　一般____　较差____

三、有关生态建设的看法：

12. 您认为在治理污染的同时，目前是否需要加强城市森林的投入：是____ 否____

13. 在政府财力紧张的情况下，您是否愿意为生态建设做一份贡献：是____ 否____

14. 如果现在购房，在房价相同的情况下，您更看重：地段____　价格____ 环境____

15. 您认为城市森林周边地区的最大经济利益受益者：

房地产开发商____　政府____　居民____

16. 您认为城市森林周边地区的最大生态利益受益者：

房地产开发商____　政府____　居民____

四、改善城市环境的措施：

17. 您愿意以哪种形式为生态环境建设做一份贡献：出钱____　出力____　其他____

18. 如果选择出钱，您认为您会每年捐出：

10 元以下____　10 ~ 30 元____　30 ~ 50 元____　50 元以上____

19. 如果选择出力，您认为您会每年出力：

2 小时以内____　2 ~ 4 小时____　4 ~ 6 小时____　6 小时以上____

五、您的意见和建议：

调查单位：东北林业大学经济管理学院　调查日期：2005 年 9 月 11 日　调查地区：林场居民区

附录3 居民参与城市绿化建设的调查表

先生/女士：

您好！

您所在小区位于________市______________。为改善城市生态环境和了解居民支付意愿，我们特作此次调查研究。感谢您在百忙之中抽出时间填写我们的调查问卷，您的真实观点和意见将对我们的研究具有重要的价值，并将有利于我们针对城市森林建设提出可行性建议！

再次感谢您对我们的支持！

请您在下面相应选项画上"√"及填写具体数字。

一、受访者基本情况

1. 年龄：25 岁以下____ 25 ~ 40 岁____ 40 ~ 60 岁____ 60 岁以上____

2. 文化程度：小学____ 初中____ 高中____ 大学____ 研究生____

3. 单位性质：国企____ 私企____ 外企____ 事业____ 机关____ 科研学校____ 其他____

4. 职业：工人____ 行政人员____ 教师____ 技术人员____ 商人____ 自由职业者____ 离退休人员____ 学生____ 其他____

5. 家庭成员共____人，其中在职人员____人，有养老保险____人，家庭人均月收入状况（元）：

600 以下____ 600 ~ 1 000 ____ 1 000 ~ 1 500 ____ 1 500 ~ 2 000 ____ 2 000 ~ 3 000 ____ 3 000 以上____

6. 家庭所有成员累计后的平均每天户外锻炼身体情况（小时）：

0 ____ 0 ~ 0.5 ____ 0.5 ~ 1 ____ 1 ~ 2 ____ 2 ~ 3 ____ 3 ~ 4 ____ 4 以上____

7. 住宅建筑面积____平方米，距离成片森林：

100 米以内____ 100 ~ 1000 米____ 2 ~ 5 里____ 5 ~ 9 里____ 9 ~ 14 里____ 14 里以上____

二、受访者居住环境基本情况

8. 近几年您所在城市的空气质量：明显好转____ 略有好转____ 没有变化____ 恶化____

9. 具体原因有：

工厂搬迁：是__/否__　汽车数量增加：是__/否__　加强绿化：是__/否__　集中供热：是__/否__　其他__

10. 您很关注您所在小区的绿化及空气质量情况吗？很关注____　一般____　不关注____

11. 近几年您所在小区的绿化工作情况：很好____　一般____　较差____　很差____

具体原因有：

工厂搬迁：是__/否__　汽车数量增加：是__/否__　加强绿化：是__/否__　集中供热：是__/否__　其他__

12. 您对所在小区的空气质量满意情况：满意____　比较满意____　比较不满____　不满意____

13. 您所在小区的绿化情况在本市属于：最好____　良好____　一般____　较差____

14. 您在入户时是否交纳过小区绿化费：是____，共计________元；否____

15. 您家每年交纳的物业费是否包括小区绿化费：是____，共计____元；否____

16. 在承诺达到相应绿化指标的情况下，您是否同意街道或物业公司统一向居民征收小区绿化费，从而改善小区绿化状况：

是____，您倾向每年每人收费：

5 元以下____　5 ~ 10 元____　10 ~ 30 元____　30 ~ 60 元____　60 ~ 100 元____　100 元以上____

否____，原因是____

三、有关参与城市森林建设方面的情况

17. 您对进一步改善居住小区空气质量的愿望：强烈____　一般____　无所谓____

18. 您是否希望进一步增加公共绿地：是____　否____

19. 您是否愿意拿出资金支持在附近街道及小区内开展乔木、绿地的有偿冠名（诞辰纪念树、结婚纪念树等）活动来筹集小区绿化建设资金（出资人可以参与资金支出管理）：

是____，在一处冠名您愿意每年出资：

20 元以下____　20 ~ 50 元____　50 ~ 100 元____　100 ~ 200 元____　200 ~ 400 元____　400 元以上____

否____，原因是____

20. 如果发行用于城市绿化建设的“绿化彩票”，您是否愿意购买：是____，

每月花____元；否____

21. 到目前为止，您是否参加过义务植树活动：是____，累计共____小时；否____

22. 您知道我国《森林法》规定公民有植树的义务吗？知道____，知道时间________；不知道____

23. 在政府财力紧张的情况下，您是否愿意为改善城市生态环境做一份贡献：是____ 否____

24. 您愿意以哪种形式为改善城市生态做贡献，请从以下四种形式中选择一种：

既出钱又出力____，您会每年投入（填写具体数额）：

出钱情况：20 元以下____ 20 ~ 50 元____ 50 ~ 80 元____ 80 ~ 100 元____ 100 元以上____

出力情况：5 小时以内____ 5 ~ 10 小时____ 10 ~ 20 小时____ 20 ~ 40 小时____ 40 小时以上____

仅出钱____，您会每年捐出（填写具体数额）：

20 元以下____ 20 ~ 50 元____ 50 ~ 80 元____ 80 ~ 100 元____ 100 元以上____

仅出力____，您会每年出工（填写具体数额）：

5 小时以内____ 5 ~ 10 小时____ 10 ~ 20 小时____ 20 ~ 40 小时____ 40 小时以上____

既不出钱又不出力____，原因是____

四、有关投资屋顶花园的情况

25. 您所在小区是否成立业主委员会：

是____，在维护产权人利益情况方面的效果：很好____ 一般____ 不好____

否____，原因是____，

您是否希望选举成立小区业主委员会：是____

否____，原因是____________________

26. 目前可享受屋顶面积________平方米，在可以办理相应产权的情况下，您是否愿意投资在您居住的楼房屋顶建私家花园：

是____，希望每平方米花园的价格在____元，需要园林公司定期来养护吗？是____ 否____

否____，原因是____

27. 如果同一单元住户放弃自家建花园所拥有的面积，您是否愿意扩建私家

花园：

是____，最多需要________平方米；　　否____

28. 以后屋顶私家花园无论单独出售，还是与房屋一起出售，您预计将来增值情况：

很好____　一般____　好____　难以预期____

五、您的意见和建议：

____

____

调查单位：东北林业大学经济管理学院

调查日期：2007 年 1 月　日

参考文献

[1] 卢卫．居住城市化：人居科学的视角．北京：高等教育出版社，2005：255，268.

[2] 彭镇华．城市森林．北京：中国林业出版社，2003：8～9，67.

[3] 郎奎建，等．林业生态工程10种森林生态效益计量理论和方法的研究．东北林业大学学报，2000，28（1）：1～7

[4] 万志芳，蒋敏元．林业生态工程生态效益经济计量的理论和方法研究．林业经济，2001，（11）：24～27.

[5] 刘际建，王德善，李圣春．生态公益林补偿机制的初探．水土保持学报，2002，16（6）：145～147.

[6] 刘璨．森林资源与环境价值分析及补偿问题研究．世界林业研究．2003.2

[7] 费世民，彭镇华，周金星，等．关于森林生态效益补偿问题的探讨．林业科学，2004，40（4）：171～179.

[8] 李文华，李 芬，李世东，等．森林生态效益补偿的研究现状与展望．自然资源学报，2006，21（5）：677～688

[9] 黄选瑞，张玉珍，等．环境再生产与森林生态效益补偿．林业科学，2002，38（6）：164～168

[10] 李艳波．关于公共服务市场化的思考．中国行政管理，2004，（7）：24～27.

[11] 刘静波．公共服务的多主体供给分析．西北工业大学硕士学位论文，2006：22，24～25.

[12] 夏振洲，孙彦泉，张一梁．关于运用市场机制发展生态生产的设想．中国农学通报，2006，22（7）：612～615.

[13] 刘燕华，等．中国资源环境形势与可持续发展．北京：经济科学出版社，2001：26～27.

[14] 蔡志坚．我国发展森林水文服务市场的相关问题探讨．林业经济问题，2006，26（4）：297～301.

[15] 刘璨．我国森林环境服务市场构建与私人参与的选择．自然资源学报，2002，17（2）：247～252.

[16] 徐中民，任福康，马松尧．估计环境价值的陈述偏好技术比较分析．冰川冻

土，2003，25（6）：701～707.

[17] 杨开忠，白墨，李莹．关于意愿调查价值评估法在我国环境领域应用的可行性探讨——以北京市居民支付意愿研究为例．地球科学进展，2002，17（3）：420～425.

[18] 张志强，徐中民，程国栋．条件价值评估法的发展与应用．地球科学进展，2003，18（3）：454～463.

[19] 李莹．意愿调查价值评估法的问卷设计技术．环境保护科学，2001，27（6）：25～28.

[20] 钟全林，彭世揆．生态公益林价值补偿意愿调查分析．林业经济，2002，（6）：

[21] 陈东景，徐中民，程国栋．恢复额济纳旗生态环境的支付意愿研究．兰州大学学报（自然科学版），2003，39（3）：69～72.

[22] 张志强，徐中民，程国栋．条件价值评估法的发展与应用．地球科学进展，2003，18（3）：454～463.

[23] 李莹，白墨，杨开忠．居民为改善北京市大气环境质量的支付意愿研究．城市环境与城市生态，2001，14（5）：6～8.

[24] 刘光栋，吴文良．华北高产农区公众对农业面源污染的环境保护意识及支付意愿调查．农村生态环境，2004，20（2）：41～45.

[25] 陈伟东，余坤明．“转代理”：转型期低收入社区居委会自我“减负”的行为模式——武汉市 X 社区“门栋自治”的背后．社会主义研究，2005，（4）：86～90，101.

[26] 陈惠雄．经济人假说的理论机理与利己一致性行为模式．社会科学战线，2006，（4）：51～58.

[27] 刘耀彬，李仁东，宋学锋．城市化与城市生态环境关系研究综述与评价．中国人口·资源与环境，2005，15（3）：55～60.

[28] 鲁敏，李英杰，李萍．城市生态学研究进展．山东建筑工程学院学报，2002，17（4）：42～48.

[29] 杨旭涛．滁城城市林业建设现状与发展对策探讨．安徽林业科技，2006，（1）：80～81.

[30] 陆贵巧．大连城市森林生态效益评价及动态仿真研究．北京林业大学博士论文，2006.

[31] 蔡剑辉．森林生态服务供给的政策手段研究．福建农林大学学报（哲学社会科学版），2004，7（1）：44～47.

[32] 李涛．社会互动、信任与股市参与 经济研究，2006，（1）：34～45.

[33] 耿欣．环境保护的资源攻击方式研究．山东大学硕士学位论文，2006.
[34] 白柯．成都市居民社区参与行为及其方法研究．西南交通大学硕士研究生学位论文，2005.
[35] 米锋，李吉跃，等．森林生态效益评价的研究进展．北京林业大学学报，2003，25（6）：77～83.
[36] 章锦河，等．九寨沟旅游生态足迹及生态补偿分析．自然资源学报，2005，20（5）：735～744.
[37] 唐建荣．生态经济学．北京：化学工业出版社，2005：29，185.
[38] 彭建，王仰麟，陈燕飞，等．城市生态系统服务功能价值评估初探——以深圳市为例．北京大学学报（自然科学版），2005，41（4）：594～604.
[39] 王寿兵，吴峰，刘晶茹．产业生态学．北京：化学工业出版社，2006：94.
[40] 张陆彪，郑海霞．流域生态服务市场的研究进展与形成机制．环境保护，2004，(12)：38～43.
[41] 张耀辉．实验经济学．北京：经济科学出版社，2006：142～145.
[42] 王利伟，刘东升．市场经济概论．北京：中国商业出版社，2003.
[43] 吴强．政府行为与区域经济协调发展．北京：经济科学出版社，2005：228～229.
[44] 温作民．森林生态资源配置中的市场失灵及其对策．林业科学，1999，35（6）：110～114.
[45] 戴星翼，俞厚未，董梅．生态服务的价值实现．北京：科学出版社，2005：110，142.
[46] 朱国宏，桂勇．经济社会学导论．上海：复旦大学出版社，2005：189.
[47] 柯武刚，史漫飞．制度经济学社会秩序与公共政策．北京：商务印书馆，2000.
[48] 洪银兴．可持续发展经济学．北京：商务印书馆，2000.
[49] 任保平，安立仁．现代经济学理论与方法创新论坛．北京：中国经济出版社，2006：64.
[50] 罗利丽．外部环境设定与消费者行为的变异：制度视角的阐释．贵州社会科学，2006，(3)：31～34.
[51] 张俊清，吕杰．集体林产权制度改革效应分析．林业经济问题，2007，27（3）：276～279.
[52] 王跃生．制度、文化与经济发展．北京：北京大学出版社，2005：150～154.
[53] 董志勇．行为经济学．北京：北京大学出版社，2005：191～193.
[54] 中国城市森林论坛组委会．中国城市森林正在崛起．中国城市林业，2005，3

(1)：8~13.

[55] 武立磊．生态系统服务功能经济价值评价研究综述．林业经济，2007，29（3)：42~46.

[56] Braaden R Allenby. 工业生态学政策框架与实施．翁端，译．北京：清华大学出版社，2005：180，186.

[57] 肖寒，欧阳志云，等．森林生态服务功能及其生态经济价值评估初探．应用生态学报，2000，11（47)：481~484.

[58] 鲁敏，李英杰．部分园林植物对大气污染物吸收净化能力的研究．山东建筑工程学院学报，2002，17（2)：45~49.

[59] 李英，曹玉昆．城市森林净化能力计量及经济补偿政策的探讨．森林工程，2005，21（4)：60~62.

[60] 曲庆云，赵小梅，阮桂海．统计分析方法——SAS 实例精选。北京：清华大学出版社，2005：155.

[61] 黄燕，吴平．SAS 统计分析及应用．北京：机械工业出版社，2006.

[62] 聂冲，贾生华．离散选择模型的基本原理及其发展演进评价．数量经济技术经济研究，2005，(11)：151~159.

[63] 赵秀勇．生产力发展与城市生态系统稳定性研究．南京气象学院，2003 硕士论文．

[64] 国家统计局城市社会经济调查总队，中国统计学会城市统计委员会．2004 中国城市发展报告．北京：中国统计出版社，2005：11，117.

[65] 刘永辉，鲁力进．谈消费者环境意识与行为的差异．商业时代，2007，26（19)：29~30.

[66] 王运生．美、日国家开发后进地区中的环境保护实践及启示．植物保护，2007，44（1)：101~103.

[67] 饶传坤．英国国民信托在环境保护中的作用及其对我国的借鉴意义．浙江大学学报（人文社会科学版)，2006，36（6)：81~89.

[68] 曾玉林．我国林业经济体制转型的现实制度分析．林业经济问题，2007，27（2)：166~172.

[69] 朱四海．论北京生态涵养区环境服务的价值实现．北京社会科学，2006，22（6)：46~51.

[70] 胡艳琳．城市森林生态系统生态服务功能的评价．南京林业大学学报（自然科学版)，2005，29（3)：111~114.

[71] 陈惠雄．生命成本：关于消费函数理论的一个新假说．中国工业经济，2005，(8)：5~13.

[72] 杨春学．经济人的“再生”：对一种新综合的探讨与辩护．经济研究，2005，(11)：22~33.

[73] 叶航，汪丁丁，罗卫东．作为内生偏好的利他行为及其经济学意义．经济研究，2005，(8)：84~94.

[74] 倪秋菊，倪星．政府官员的“经济人”角色及其行为模式分析．武汉大学学报（哲学社会科学版)，2004，57（2)：260~267.

[75] Camerer C. 行为博弈——对策略互动的实验研究．//贺京同，那艺等．北京：中国人民大学出版社，2006：6.

[76] 孙成志．管理学．大连：东北财经大学出版社，2006：292.

[77] 樊丽明．中国公共品市场与自愿供给分析．上海：上海人民出版社，2005.

[78] 唐钧，陈淑伟．全面提升政府危机管理能力，构建城市安全和应急体系．探索，2005，(4)：74~77

[79] 黎昌珍．城市社会危机管理：变量研究与危机预警．广西民族大学学报（哲学社会科学版)，2007，29（1)：149~152.

[80] 张其仔．社会资本论——社会资本与经济增长．北京：社会科学文献出版社，2002.

[81] 樊丽明，石绍宾．公共品供给机制：作用边界变迁及影响因素．当代经济科学，2006，28（1)：63~68.

[82] Costanza R, R d'Arge, R de Groot, et al. The value of the world's ecosystem services and natural capital. Nature, 1997, (387): 253~260.

[83] Pearce D. Auditing the Earth. Environment, 1998, 40 (2): 23~28.

[84] Thomas P Holmes, John C Bergstrom, Eric Huszar, et al. Analysis Contingent valuation, net marginal benefits, and the scale of riparian ecosystem restoration. Ecological Economics, 2004, (49): 9~30.

[85] Hamid Amirnejad, Sadegh Khalilian, Mohammad H Assareh, et al. Estimating the existence value of north forests of Iran by using a contingent valuation method. Ecological Economics, 2006, 58 (4): 665~675.

[86] E J Sattout, S N Talhouk, P D S Caligari. Economic value of cedar relics in Lebanon: An application of contingent valuation method for conservation. Ecological Economics, 2007, 61 (2~3): 315~322.

[87] Berta Martín-López, Carlos Montes, Javier Benayas. The non-economic motives behind the willingness to pay for biodiversity conservation. Biological Conservation, 2007, 139 (1~2): 67~82.

[88] Serkan Gürlük. The estimation of ecosystem services' value in the region of Misi Ru-

ral Development Project: Results from a contingent valuation survey. Forest Policy and Economics, 2006, 9 (3): 209 ~ 218.

[89] C Y Jim, Wendy Y Chen. Recreation-amenity use and contingent valuation of urban greenspaces in Guangzhou, China. Landscape and Urban Planning, 2006, 75 (1 ~ 2): 81 ~ 96.

[90] Bradley S Jorgensen, Mathew A Wilson, Thomas A Heberlein. Fairness in the contingent valuation of environmental public goods: attitude toward paying for environmental improvements at two levels of scope. Ecological Economics, 2001, 36 (1): 133 ~ 148.

[91] Hamid Amirnejad, Sadegh Khalilian, Mohammad H Assareh, et al. Estimating the existence value of north forests of Iran by using a contingent valuation method. Ecological Economics, 2006, 58 (4): 665 ~ 675.

[92] Ryan H Wiser. Using contingent valuation to explore willingness to pay for renewable energy: A comparison of collective and voluntary payment vehicles. Ecological Economics, 2007, 62 (3 ~ 4): 419 ~ 432.

[93] Felix Schläpfer. Survey protocol and income effects in the contingent valuation of public goods: A meta-analysis. Ecological Economics, 2006, 57 (3): 415 ~ 429.

[94] Felix Schläpfer, Anna Roschewitz, Nick Hanley. Validation of stated preferences for public goods: a comparison of contingent valuation survey response and voting behavior. Ecological Economics, 2004, 51 (1 ~ 2): 1 ~ 16.

[95] Dominic Moran, Alistair McVittie, David J Allcroft, et al. Quantifying public preferences for agri-environmental policy in Scotland: A comparison of methods. Ecological Economics, 2007, 63 (1): 42 ~ 53.

[96] Jayanath Ananda, Gamini Herath. Multi-attribute preference modelling and regional land-use planning. Ecological Economics, Available online 10 August 2007.

[97] Vrishali Deosthali. Assessment of impact of urbanization on climate: An application of bio-climatic index. Atmospherics Environment, 1999, (33): 4125 ~ 4133.

[98] G Grossman, A Krueger. Economic growth and the environment. Quarterly Journal of Economics, 1995, (110): 353 ~ 377.

[99] Peter Deplazes, Daniel Hegglinl, Sandra Gloor, et al. Wilderness in the city: The urbanization of echinococcus multilocularis. Trends in parasitology, 2004, 20 (2): 77 ~ 84.

[100] Nilsson Kjell, Åkerlund Ulrika, Alekseev Alexander, et al. Implementing urban greening aid projects – The case of St. Petersburg, Russia. Urban forestry & Urban

Greening, 2007, 6 (2): 93 ~ 101.

[101] Franz W Gatzweiler. Organizing a public ecosystem service economy for sustaining biodiversity. Ecological Economics, 2006, 59 (3): 296 ~ 304.

[102] Matthew J Kotchen, Michael R Moore. Private provision of environmental public goods: Household participation in green ~ electricity programs. Journal of Environmental Economics and Management, 2007, 53 (1): 1 ~ 16.

[103] Delali B K Dovie, Charlie M Shackleton, E T F Witkowski. Valuation of communal area livestock benefits, rural livelihoods and related policy issues. Land Use Policy, 2006, 23 (3): 260 ~ 271.

[104] Frederick Cubbage, Patrice Harou, Erin Sills. Policy instruments to enhance multifunctional forest management. Forest Policy and Economics, 2007, 9 (7): 833 ~ 851.

[105] Matthew J Kotchen, Stephen D Reiling. Environmental attitudes, motivations, and contingent valuation of nonuse values: a case study involving endangered species. Ecological Economics, 2000, 32 (1): 93 ~ 107.

[106] Philip Cooper, Gregory L Poe, Ian J Bateman. The structure of motivation for contingent values: a case study of lake water quality improvement. Ecological Economics, Volume 50, Issues 1 ~ 2, 1 September 2004, 50 (1 ~ 2): 69 ~ 82.

[107] Estelle Bienabe, Robert R Hearne. Public preferences for biodiversity conservation and scenic beauty within a framework of environmental services payments. Forest Policy and Economics, 2006, (9): 335 ~ 348.

[108] Greig Andrew Mill, Tom M van Rensburg, Stephen Hynes, et al. Preferences for multiple use forest management in Ireland: Citizen and consumer perspectives. Ecological Economics, 2007, 60 (3): 642 ~ 653.

[109] Knut Veisten. Willingness to pay for eco-labelled wood furniture: Choice-based conjoint analysis versus open-ended contingent valuation. Forest Economics, 2007, 13 (1): 29 ~ 48.

[110] Slobodan P Simonovic, Taslima Akter. Participatory floodplain management in the Red River Basin, Canada. Annual Reviews in Control, 2006, 30 (2): 183 ~ 192.

[111] Putnam R D. Bowling Alone: America's Decline Social Capital. Journal of Democracy, 1995, 6 (1): 65 ~ 78.

[112] Putnam R D, R Leonardi, R Y Nanetti. Make Democracy Work: Civic Tradition in Modern Italy. Princeton University Press, 1992: 167.

[113] Astier M Almedom. Social capital and mental health: An interdisciplinary review of primary evidence. Social Science & Medicine, 2005, 61 (5): 943 ~964.

[114] Manski, Charles F. Economic analysis of social interaction. Journal of Economic Perspectives, 2000, (14): 115 ~136.

[115] Juan-Camilo Cardenas. Norms from outside and from inside: an experimental analysis on the governance of local ecosystems. Forest Policy and Economics, 2004, 6 (3 ~4): 229 ~241.

[116] Matthew Rabin. Risk aversion and expected-utility theory : a calibration theorem. Econometrica, 2000, 68 (5): 1281 ~1292.

[117] Kahneman, Tversky A. Prospect Theory : An analysis of decision under Risk. Econometrica, 1979, 47 (2): 263 ~291.

[118] Daniel Kahneman, Amos Tversky. Advances in prospect theory: Cumulative Representation of Uncertainty. Journal of risk and uncertainty, 1992, (5): 297 ~323.

[119] Kahneman, Tversky A. Choices, values and frames. American Psychologist, 1984, 39 (4): 341 ~350.

[120] http: //news. xinhuanet. com /politics /2006 ~03/11/ content_ 4290446. htm

[121] Renaud B. National Urbanization Policy in Developing Countries. Oxford University press, 1981: 17 ~18.

[122] Joachim Sell, Thomas Koellner, Olaf Weber, et al. Analysis Decision criteria of European and Latin American market actors for tropical forestry projects providing environmental services. Ecological Economics, 2006, 58 (1): 17 ~36.

[123] Samuelson W, Zeckhauser R. Status quo bias in decision making. Journal of Risk and Uncertainly, 1988, (1): 7 ~59.

[124] Elizabeth H, Mccabe K, Smith V L. The impact of exchange context on the activation of equity in ultimatum games. Experimental Economics, 2000, (3): 5 ~9.

[125] Renato A M Silvano, Shana Udvardy, Marta Ceroni, et al. An ecological integrity assessment of a Brazilian Atlantic Forest watershed based on surveys of stream health and local farmers' perceptions: implications for management. Ecological Economics, 2005, 53 (3): 369 ~385.

[126] Ledyard John. Public Goods: A Survey of Experimental Research. Chap. 2 in: Alvin Roth and John Kagel (eds.), Handbook of Experimental Economics. Princeton University Press, 1995.

[127] A Benander, B Benander, A Fadlalla, et al. Data Warehouse Administration and Management. Information System Management. 2000, 17 (1): 71 ~73.

后　记

自从2004年进入东北林业大学经济管理学院工作以来，我开始关注林业的发展动态和生态环境状况。每天经过东北林业大学城市林业示范基地（哈尔滨林场）的时候，我非常羡慕周边地区的居民能够获得良好的城市森林生态服务。由于过去一直从事管理科学与工程方面的研究，对林业经济知之甚少，所以怀着浓厚的兴趣学习了一些林业经济方面的相关知识。2005年如愿以偿地考取东北林业大学林业经济管理专业的博士研究生，从此有机会系统地学习林业经济专业知识。有感于目前的城市生态环境的恶化趋势，遂将研究方向确定为城市林业经济。2005年申请的"城市森林净化能力计量及经济补偿政策的研究"项目获得东北林业大学科研基金资助（项目编号05036），为进一步开展调查研究提供了经济基础。

目前，依靠政府提供的城市森林生态服务难以满足居民日益增长的生态需求，居民的积极参与对城市生态环境的改善将发挥重要的作用。为此，需要应用条件价值评估法调查居民参与城市森林生态服务供给的支付意愿。2005年9月在东北林业大学哈尔滨林场周边的2个社区、植物园和原动物园周边各1个居民区进行随机取样。调查过程中与居民交谈发现，居民参与城市绿化建设的意愿很高，与调查数据分析结果一致。2007年1月在黑龙江省哈尔滨市和牡丹江市进行抽样调查。本次调查采取分层抽样方法进行有关居民参与城市森林生态服务供给的入户面访调查。由于入户调查费时费力，导致样本量不大，使得实证研究受到一定的局限。在这些前期研究的基础上，我主持了黑龙江省科学技术厅软科学计划资助的"黑龙江省城市森林生态服务非政府供给机制研究"项目（GZ07D206），保证了本项研究得以深入开展。

本书是在我的博士论文基础上修改而成的，为此衷心感谢我的导师曹玉昆教授的悉心指导，曹玉昆教授谦和宽容的品德修养、乐观豁达的胸怀感染着我，所传授的知识将使我终生受益。在本文的写作过程中感谢家人的支持和理解。在课题的研究过程中感谢我的博士同学们的帮助。你们的恩德让我终身难忘！刻骨铭心！

本书立足于居民支付意愿而开展非政府供给方式的研究，旨在探索更为可行的全民参与绿化建设的方式和途径，并为政府部门制定全民参与城市绿化政策提供一定的科学依据。但是我深知自己对林业的研究还比较浅显，书中难免存在一些不足之处，敬请各位读者赐教。

李 英

2008 年 4 月